重庆文理学院学术专著出版资助

基于环境保护的生物质资源及其转化利用技术

谢云成　著

U0352877

北　京

冶 金 工 业 出 版 社

2023

内 容 提 要

本书紧跟生物资源转化利用技术前沿，面向生物质废物资源的转化技术及综合利用，在介绍各种生物质废物转化利用技术的基础上，着重于各种技术的原理、工艺，并结合作者的技术开发成果撰写而成，突出技术性、实践性、系统性、全面性。全书共 8 章，主要内容包括生物质能概述、废弃物资源及其生产与再生产、生物质压缩成型燃料技术、生物质直接燃烧技术、生物质气化技术、生物质热解与炭化技术、生物质液化技术和生物质饲料转化与堆肥技术。

本书可作为资源循环科学与工程、农业资源与环境、环境科学、环境工程等专业师生的参考用书，也可供生物质研究领域的企业技术人员等阅读参考。

图书在版编目（CIP）数据

基于环境保护的生物质资源及其转化利用技术／谢云成著 . —北京：冶金工业出版社，2023.10

ISBN 978-7-5024-9663-0

Ⅰ . ①基… Ⅱ . ①谢… Ⅲ . ①生物资源—废物综合利用 Ⅳ . ①X7

中国国家版本馆 CIP 数据核字（2023）第 202519 号

基于环境保护的生物质资源及其转化利用技术

出版发行	冶金工业出版社	**电 话**	（010）64027926	
地 址	北京市东城区嵩祝院北巷 39 号	**邮 编**	100009	
网 址	www.mip1953.com	**电子信箱**	service@ mip1953.com	

责任编辑 夏小雪 美术编辑 吕欣童 版式设计 郑小利
责任校对 梅雨晴 责任印制 窦 唯
三河市双峰印刷装订有限公司印刷
2023 年 10 月第 1 版，2023 年 10 月第 1 次印刷
710mm×1000mm 1/16；13.25 印张；229 千字；202 页
定价 79.00 元

投稿电话 （010）64027932 投稿信箱 tougao@cnmip.com.cn
营销中心电话 （010）64044283
冶金工业出版社天猫旗舰店 yjgycbs.tmall.com
（本书如有印装质量问题，本社营销中心负责退换）

前　言

　　纵观历史长河不难发现，生物质能是人类赖以生存的主要能源。在 19 世纪末 20 世纪初，随着化石能源的崛起，生物质能源在能源的舞台上由主角逐步演变为配角。1973 年世界石油危机的出现，又重新唤醒了人们对生物质能源的美好回忆，生物质能源仿佛从被遗忘的角落再次成为世界关注的热点。40 多年来，生物质能源的开发利用蓬勃发展、方兴未艾，取得了前所未有的显著成绩，与其他可再生能源（主要是风能、太阳能等）携手，成为化石能源必不可少的补充和伙伴。

　　生物质废物资源量大面广，其综合利用已成为缓解资源短缺与减少环境污染物排放的重要途径，也是当前国家实施节能减排的重要抓手。在工业生物质废物资源化利用技术方面，加快集中式工业生物质废物燃气利用技术开发，发展标准化、系列化和成套化装备，已成为提高工业生物质废物综合利用率、发展生物质能源的重点任务。随着我国经济持续的高位运行和增长，能源、资源和环境等问题正日益严重地困扰着中国又好又快的可持续发展。利用现代工程技术进行生物质的高效洁净利用，是最终形成人类社会发展和自然界循环和谐统一的最重要的可持续发展途径。以自然界中丰富的农林废弃物、生活垃圾等为资源，开展固体成型燃料、燃烧发电、生物质气化、热解与炭化、燃料乙醇、燃料丁醇和生物柴油等清洁能源高效、联产、联供转化技术，对于改善生态环境、发展社会经济等具有重要的战略意义和现实意义。

　　发展生物质能产业，有利于拓展农产品的原料用途和加工途径，为农业提供了一个产品附加值高和市场潜力无限的平台；有利于转变农业增长方式，发展循环经济，延伸农业产业链条，提高农业效益，拓展农村剩余劳动力转移空间，在促进区域经济发展、增加农民收入等方面大有可为；有利于缓解化石能源供应紧张局面，优化能源结构，保障国家能源安全，建立稳定的能源供应体系具有重大意义；有利于推动节能减排，是保护生态环境的重要途径；有利于建立资源节约型和环境友好型社会，促进人与自然和谐发展与经济社会的可持续发展。

本书紧跟生物资源转化利用技术前沿，面向生物质废物资源的转化技术及综合利用，在介绍各种生物质废物转化利用技术的基础上，着重于各种技术的原理、工艺，并结合作者的技术开发成果撰写而成，突出技术性、实践性、系统性、全面性。全书共 8 章，主要内容包括生物质能概述、废弃物资源及其生产与再生产、生物质压缩成型燃料技术、生物质直接燃烧技术、生物质气化技术、生物质热解与炭化技术、生物质液化技术和生物质饲料转化与堆肥技术。

本书的撰写得益于相关借鉴书籍及其作者的启发、帮助，得益于相关出版行业领导、责任编辑的热心支持、鼓励帮助与不厌其烦地修改校对。由于写作时间紧加之部分文献作者来源不详，导致未能全部列出这些成果的所有出处，在此向各类文献的作者表示真挚敬意、歉意和由衷的感谢。

由于作者水平所限，书中存在的错误和遗漏在所难免，恳请读者批评指正。

作　者
2023 年 7 月

目　　录

1 生物质能概述

生物质直接或间接来自植物，来源于草本植物、树木、农作物、动物以及细菌等生物产生的有机物质。地球上生物质资源相当丰富，不仅数量庞大，而且种类繁多、形态多样。生物质是可以利用的产生能量的物质。"万物生长靠太阳"，生物质能是太阳能以化学能形式蕴藏在生物质中的一种能量形式，是以生物质为载体的能量，它直接或间接地来源于植物的光合作用。

1.1 生物质能的概念、来源与分类

生物质是指通过光合作用而形成的有机体，包括所有的植物、动物和微生物。地球上生物质种类极其丰富，据科学家估计，全球生物物种有 3000 万 ~ 5000 万种，丰富的生物多样性赋予我们的星球斑斓绚丽的色彩。

生物质种类繁多、分布广泛，包括水生和陆生生物及其代谢物，但是生物质能资源的基本条件是资源的可获得性和可利用性。因此可以这样理解，生物质能的原料来源十分广泛，而且是可以持续获得或者可以说是可再生的。

生物质能曾是最古老的能源。20 世纪 30 年代，考古学家在北京猿人生活的岩洞里，发现了 6m 厚的积灰层，至今还能从灰烬中找到烧焦的柴荆木炭、种子，从而证明，促进人类进化的第一把火便是来自薪炭。在 50 万年的漫长岁月里，薪炭一直作为最主要的能源为人类做贡献。

直到 1860 年，薪炭在世界能源消费中还占据首位，其比例高达 73.8%，后来，随着煤炭、石油和天然气等矿物能源的大量开发、使用，薪炭直接用作能源的比例才逐渐下降。1910 年，在世界能源消费构成中，薪炭的使用下降为 31.7%，而煤炭等的使用则增长到 63.5%。

但传统的生物质能利用方式是低效而不经济的，随着工业革命的进程，化石能源的大规模使用，使生物质能逐步被以煤和石油天然气为代表的化石能源所替代。但即使在石油、天然气、煤炭等化石能源成为主导能源的今天，生物质能在

世界能源消费总量中仍占有 14% 左右的份额。

时过境迁，随着化石能源的枯竭和科技的发展，利用高新技术手段开发生物能源成为可能，生物质能正在成为替代化石能源的主要可再生能源之一，受到世界各国的关注。❶

1.1.1 生物质能的概念

所谓生物质能，就是太阳能以化学能形式贮存在生物质中的能量形式，即以生物质为载体的能量。生物质能是一种可再生的新型清洁能源，具有环保节能、低碳减排等特点。它直接或间接来源于绿色植物的光合作用，可转化为常规的固态、液态和气态燃料，取之不尽、用之不竭。利用生物质能可以减少人类对大气的污染，减少碳排放，使废物再次循环利用。我国生物质能源资源丰富，发展前景广阔，在国家政策的大力扶持下，发展生物质能具有深远意义，合理开发利用生物质能，节能减排造福人类。

在人类懂得用火以后，生物质能成为人类最早直接利用的能源，生物质能源的应用研究也伴随着人类文明的进步，经历了种种曲折。欧洲对于木质生物质能源的应用研究在第二次世界大战前后达到了高峰，但是随着石油化工和煤化工技术的不断进步，生物质能源的应用趋于低谷。到 20 世纪 70 年代，中东战争引发了全球性能源危机，对于可再生能源的开发利用各国政府逐渐重视起来，这其中当然也包括对木质生物质能源的研究利用。

目前，生物质能的利用，成为仅次于煤炭、石油和天然气的第四大能源，在整个能源系统中占有重要地位。生物质能成为未来可持续能源系统的一部分，已是大势所趋。预计到 21 世纪中叶，人类对生物质燃料的消耗将占全球总能耗的 40% 以上。

能源已经作为几千年来人类社会文明进步的基础，因此能源结构的变革，必然会导致了人类社会的变革。当今世界各国都面临着环境与发展的双重压力，国民经济在增长的同时，能源消费也在同步增长。人类利用最广泛的石油和煤炭正在面临着日益枯竭的危险，能够预想到的是，未来新能源结构体系的特征是多种能源并存，生物质能毫无疑问将成为 21 世纪的主要能源之一。

自 20 世纪 70 年代以来，人们对石油、煤炭、天然气的储量和可开采时限做

❶ 张恩生. 生物质资源转化技术及综合利用 [M]. 长春：吉林大学出版社，2017.

过种种的估算与推测，几乎都得出一致结论：化石燃料中有的将被开采殆尽；有的因开采成本高以及开发使用导致的一系列环境问题而失去开采价值。尽管人们目前仍在探讨石油开始匮乏的时间，但无论如何，不可再生的化石燃料终将耗尽却是无可争辩的事实，居安思危，开发替代能源就显得非常必要和迫切。

实现生物质能利用技术和化石燃料利用方式的兼容，已经成为重要的能源利用课题，用生物质原料制成的可燃气体和液体，一定程度上解决了缺乏化石燃料的问题，更缓解了过分依赖大量进口石油的被动局面，对于保护生态环境和实现我国能源战略的安全具有重要作用。现摆在人们面前的一个重要问题是，如何高效开发利用生物质能。用可再生的生物质能源制成的高品位可燃气体和液体，取代不可再生的化石燃料，让其在电力、交通运输、城市供热等方面发挥重要作用，使人类摆脱对有限的化石燃料资源的依赖，已成为摆在人类面前的一项重要任务。因此，科学地利用生物质能源、开发各种化石燃料的替代能源将是能源发展的一个重要方向，其利用前景十分广阔。

1.1.2 生物质能的来源

生物质能直接或间接地来源于绿色植物的光合作用，生物质也可以转化为常规的固态、液态和气态燃料，取之不尽、用之不竭。它既是一种可再生能源，同时也是唯一一种可再生的碳源。

生物质能蕴藏在植物、动物和微生物等可以生长的有机物中，它是由太阳能转化而来的。生物质能的基本来源是绿色植物通过光合作用形成的。光合作用是植物利用空气中的二氧化碳和土壤中的水，将吸收的太阳能转换为碳水化合物和氧气的过程，光合作用是生命活动中的关键过程。

能够进行光合作用的生物有藻类和光合细菌，在它们的细胞中，进行光合作用的细胞器是叶绿体。植物的叶绿体主要分布在叶肉细胞中，每个叶肉细胞内有多个叶绿体。

叶绿体有许多类囊体，它们叠在一起形成基粒。组成类囊体的膜称为类囊体膜，或称为光合膜。叶绿素和其他色素，以及将光能转变为化学能的整套蛋白质复合体都存在于类囊体膜中。

光合作用由两个阶段组成，第一阶段为光反应，第二阶段为碳反应。光反应的主要作用是将光能转变为化学能，同时产生氧气。光反应发生在类囊体膜中，由叶绿素分子吸收光能，然后将光能转变为化学能。光能转变成的化学能就暂时储存于烟酰胺腺嘌呤二核苷磷酸和腺嘌呤核苷三磷酸中。

碳反应发生在叶绿体的基质中，不需要光直接参与，以前曾被称为暗反应。碳反应的主要步骤是光合碳还原循环，这一循环由科学家卡尔文发现，因此以他的名字命名，称为卡尔文循环，他也因此获得了诺贝尔化学奖。

卡尔文循环是将二氧化碳、腺嘌呤核苷三磷酸和烟酰胺腺嘌呤二核苷磷酸转变为磷酸丙糖的复杂生化反应。腺嘌呤核苷三磷酸和烟酰胺腺嘌呤二核苷磷酸负责供应能量，反应完毕后，它们又重新变回为二磷酸腺苷和磷酸根等。

二氧化碳是卡尔文循环的唯一原料，丙糖磷酸是唯一的产物，这个产物以后会转变为各种糖类。卡尔文循环产物在为植物自身细胞呼吸和其他生命活动提供物质来源的同时，也为全球所有其他生物提供食物和能量的来源。

1.1.3　生物质能的分类

在世界的能耗中，生物质能约占14%，在不发达地区占60%以上。全世界约25亿人的生活能源90%以上是生物质能。生物质能的优点是容易燃烧，污染很少，灰分较低；相对而言，缺点是热值及热效率比较低，体积大而不易运输，直接燃烧生物质的热效率为10%~30%。另外，生物质能与化石能源均属于以碳（C）氢（H）元素为基本组成的化学能源，这种化学组成上的相似性也带来了利用方式的相似性，因此生物质能的利用、转化技术需要在已经成熟的常规能源技术的基础上发展与改进，合理利用生物质能现代化开发与利用技术，有效地发挥生物质能的可再生性。表1-1为生物质能源的分类。

表 1-1　生物质能源的分类

类别		常规能源	新能源
一次能源	可再生	水能	生物质能、太阳能、风能、潮汐能、海洋能
	非再生	原煤、原油、天然气	油质岩、核燃料
二次能源		焦炭、煤气、电力、氢气、蒸汽、酒精、汽油、柴油、煤油、液化气、木炭、沼气等	

注：1. 一次能源是从自然界取得后未经加工的能源。

　　2. 二次能源是指经过加工与转换而得到的能源。

生物质能资源的种类繁多，分布很广泛，常见的生物质能主要有以下几种：

（1）薪柴和林业废弃物，是以木质为主体的生物质材料，是人类生存、发展过程中利用的主要能源。目前，它还是许多发展中国家的重要能源，是生物质气化转化的主要原料。

（2）农作物残渣和秸秆，是最常见的农业生物质资源。农作物残渣具有水土保持与土壤肥力固化的功能，一般不作为能源利用。秸秆大多用于饲料，目前是生物质气化和沼气发酵的重要原料。

（3）养殖场牲畜粪便，是一种富含氮元素（N）的生物质材料，可作为有机肥加工的重要原料，干燥后可以直接燃烧供热，与秸秆一起构成沼气发酵的两大主要原料。

（4）水生植物，是一种还未被充分认识和利用的生物质燃料，主要有水生藻类、浮萍等各种水生植物。国内许多淡水湖泊因营养化而滋生大量水生植物与藻类，如能有效结合水体的治理，大规模收集水生植物并转化，对能源的再利用具有十分重要的意义。

（5）制糖工业与食品工业的作物残渣，大多为纤维类生物质，相对比较集中，便于利用。特别是制糖作物残渣（如甘蔗渣）是世界各国都在重点利用的生物质能原料。

（6）工业有机废物、城市有机垃圾的利用早已被世界各国所关注。目前，直接焚烧供热、气化发电，以及发酵用于生产沼气等技术已日趋成熟。

（7）城市污水，是唯一属于非固体型的生物质能原料，通过发酵技术可在治理废水的同时获得以液体或气体为载体的二次能源。

（8）能源植物，是以直接燃料为目标的栽培植物。与普通的生物质材料相比较，能源植物一般都由人工进行规模化种植。所选择的植物经过筛选、嫁接、驯化、培育以提高产量，产能效率。薪柴林也是一种能源林，美国、巴西、瑞典都有大规模的薪柴林场。可以作为薪柴种植的植物有很多，一般以速生树木为主，期望三五年即能收获。例如在中国南方地区种植的桉树、竹柳等，中国具有丰富的荒山荒坡和边际性土地资源，应以发展能源植物作为目标进行能源种植。

1.1.4　生物质能的特征

在各种新能源载体中，生物质极为独特，是唯一可再生的碳源，加之其在生长过程中可以吸收大气中的二氧化碳，因此就构成了生态系统中碳循环的一部分。通过现代能源转换技术，把这些具有能源价值的动植物或有机废弃物等生物质转化成各种形式的能量供人类利用。

当前，面对世界性的能源危机和环境危机，特别是温室效应的日益严重，生物质能的开发利用重新得到了重视，许多国家和地区也都制订了生物质能开发利用规划和技术开发路线图，使生物质能使用量每年以 10% 递增，发展势头强劲。生物质能之所以能得到如此大的重视，是与它得天独厚的特性分不开的。生物质能的特征与生物质的特征既相关联也相区别。下面对生物质能的具体特征加以说明：

（1）生物质能具有可再生性。由于生物质具有可再生性，能够一直不断地产生，也不停地被消耗，这就决定其中含有的生物质能也能够不断地产生和分解。事实上生物质能固定的过程也伴随着空气中 CO_2 的固定，每产生 1t 的生物质就会减少 2t 的温室气体，这是一个非常令人可喜的事实。

（2）生物质能具有巨大的储存量。由于地球上各种生物质的不断产生，伴随的是更多生物质能的被固定。以陆地上的植物为例，森林树木每年都有很大的增长量，相当于全世界一次性能源的 7~8 倍，实际上仅有 10% 的生物质能能够被人们利用。因此，生物质除了可以储存能量，还具有流通能源的作用。

（3）生物质能具有洁净性。与化石燃料相比，生物质中的含硫量和含氮量都很低，同时灰分含量也不高，因此燃烧后的硫化物、氮化物和灰尘排放量都比化石燃料少很多，是一种比较洁净的能源。以历史悠久的沼气为例，沼气的主要成分是甲烷和氢气，还有少量的其他气体，但是在使用前经过净化处理后，几乎只剩下甲烷和氢气，这样沼气燃烧后就变成了 CO_2 和 H_2O，产物对环境几乎没有负面影响。

（4）生物质能具有低能源品位性。由于生物质内含有的能源来源于太阳，主要是通过光合作用转化 CO_2 和 H_2O 产生的，所以相对于化石燃料，生物质中含有较多量的氧元素，碳元素和氢元素所占比例就低。这样就导致无论是以同等质量还是以同等体积计算产热量，生物质含有的能量值都低于同样状况下的化石燃料。此外，以生物质形式体现的燃料含水量高达 90%，在使用之前都需要一定的处理。

（5）生物质能不方便运输。生物质能（除日常生产生活废弃物）的广泛分布就限制了生物质能的集中处理。再由于生物质能的低热值和低热效率的特性，使得本身不集中分布的生物质的长距离运输，变得更加扑朔迷离。因为生物质的集中处理必然加大运输成本，限制了生物质能成为能源供应的主流资源。

虽然生物质能的缺点短时期内难以克服，我们还是坚信在不久的将来，生物质能成为重要的能源供应来源是抵挡不了的历史趋势。

1.2　地球生物质循环及生物质的功能、特征

生物质能是人类利用最早的能源物质之一，具有分布广、可再生、成本低等优点。同时，在可再生能源中，生物质能是唯一能够连续生产，规模可控制、可储存、可运输的全能性能源。随着能源高质化利用技术的发展，生物质能的功能将不断扩大和提升。

1.2.1　地球生物质循环的功能和意义

生物质能在世界能源消耗中居第四位，仅次于煤炭、石油、天然气，生物质是取之不竭的太阳能反应器。农作物秸秆是世界上最丰富的生物质资源。全世界每年秸秆的产量为 29 亿多吨，其中小麦秸秆占 21%，稻草占 19%，大麦秸占 10%，玉米秸占 35%。我国每年有 7 亿吨作物秸秆、1.27 亿吨薪柴、2 亿吨林地废弃物、25 亿吨畜禽粪便及大量有机废弃物产生。中国在生物质发电、乙醇、生物柴油、成型燃料等方面开展了大量的工作，很多技术也有规模应用，但世界各国对生物质的利用程度还远远不够，对生物质的精深加工和高值化利用还有很长的路要走。

广义生物质包括地球上所有生物物质以及新陈代谢的产物。在人类发展的历史过程中，生物质一直处在举足轻重的地位，生物质既是人类获取食物的唯一来源，同时也是人类社会文明发展的物质基础。生物质是生物质能量的载体，是一切有生命的可以再生的有机物质的总称，包括动植物和微生物。日本工业标准中将生物质定义为地球生态圈内生物体派生的有机物的总称，中国再生协会对生物质的定义是通过光合作用形成的各种有机体。目前，业内比较认可的是美国能源部对生物质的定义，即生物质是可再生的有机物质，包括农林业废弃物、工业废弃物、动物废料、城镇垃圾及水生生物等。

狭义生物质可以分为以下 6 大类：

（1）木质生物质。林业及加工废弃物、竹业及加工废弃物等。

（2）农业废弃物。农业秸秆、食品加工及废弃物等。

（3）水生植物。藻类、水葫芦及其他水生植物及加工废弃物等。

（4）油料作物。植物油原料如棉籽、麻籽、乌桕、油桐等及其加工废弃物。

（5）餐厨废弃物及城市垃圾。

（6）粪便。人及牲畜的粪便等。

1.2.1.1 生物质循环的生态保护功能

生物质能源主要来源于光合作用产生的底物，光合作用所固定的太阳能是所有生物最根本的能量来源，也可以说是几乎所有能源的根本来源。地球上的化石能源由于已经脱离了生物圈，可以认为是被隔离的碳组成部分，经过化石能源的开发利用，这部分碳又重新被释放到大气中，引起气候变迁，但是使用生物质则没有这方面的问题。❶

（1）光合作用碳循环。光合作用是地球上最大的有机合成反应，它通过光合色素（主要是叶绿素）在日光下将无机物质（CO_2、H_2O 和 H_2S 等）合成有机化合物，并释放氧气或其他物质。光合作用中释放的氧气来源于 H_2O，CO_2 则全部被光合作用的光反应固定到了有机化合物中。

植物的这种作用被称为同化作用，也叫做合成代谢。通过将二氧化碳经过复杂的循环最终固定到葡萄糖或者蔗糖中，葡萄糖和蔗糖再通过微管运输到植物其他部分成为生长发育中的能量来源或者植物的储存物质。葡萄糖还要经过种种途径形成其他一些植物生长所需的单糖类成分，还有相当大的一部分的葡萄糖则作为单体，在微管的指导下，聚合成为纤维素，形成植物的细胞壁，起着保护植物躯干的作用。

纤维素是植物中的主要高分子组成成分，植物细胞壁中还含有其他的组成成分，如半纤维素和木质素，也都是植物经过生物化学途径合成的碳水化合物。在能源利用过程中，这些碳水化合物重新被氧化释放出来，从这一意义上来讲，生物质的能源利用实现了碳的"零排放"。

考察光合作用的原理，它利用的是太阳光的辐射能量，利用光合色素受到阳光辐射能的激发后产生的化学能来固定二氧化碳，整个化学反应是在温和的反应条件下进行的，不像人工固定二氧化碳并合成有机物时需要剧烈的反应环境。在光照下，植物固定二氧化碳并产生具有高能的生物化学分子用于随后的反应。固定的二氧化碳经过一系列的循环反应最终形成新的有机物，一般以葡萄糖或者蔗糖作为最终的产物而被转运出行使光合作用的植物细胞，而涉及其中的化学分子则在细胞内经过反应而再生。总体上看，植物固定二氧化碳并不需要消耗额外的

❶ 王布匀. 污泥生物净化与土壤化利用技术研究［D］. 武汉：华中科技大学，2013.

有机分子，因此这是一个将无机的二氧化碳完全转变为有机物的过程，除了太阳光能，也并不需要额外的能量投入。

由于光合作用，植物在生态系统中承担了生产者的角色，它们将空气中无机的二氧化碳转变为有机物，然后被动物摄食后成为动物有机体，动物再经呼吸作用将有机物氧化成为二氧化碳释放出去，这样就完成了碳元素在整个生态系统中的循环。

化石能源也是光合作用的产物，只是这一部分碳因为沉积后从生态系统中隔离的时间较长，在这期间，生态系统已经取得了平衡，重新释放出这些碳会破坏现有的生态平衡。在正常情况下，光合作用固定的碳也有可能被重新保存起来，植物和动物死亡后留下的有机体在细菌的最终作用下会转变为二氧化碳，但是在特定条件下也可以生成腐殖质或者水体下的底泥有机质而从碳循环中隔离出去。能源植物生长非常迅速，这不仅包括地上的茎秆部分，还要包括地下的根，收割后，这些根留在土壤中，通过细菌的消化与温度变化等条件最终腐殖化，增加土壤的肥力。经若干年的能源作物种植后，土壤的生物质产出可以得到明显的改善，通过光合作用固定的二氧化碳量也会有大幅提升。

总之，光合作用固定的碳最终可以有多种去向，利用好有机碳不仅可以实现能源利用中的零排放，还有可能将二氧化碳从环境中隔离出去，减少大气中的温室气体。

（2）植物的净化功能。植物通过吸收、转化等生理生化过程可以对土壤、水体、空气中的污染物进行净化。研究的比较成熟的植物修复集中在土壤污染修复上。土壤中的污染分为无机污染和有机污染，无机污染中主要是重金属污染。

土壤金属污染来源众多，直接导致受污染土壤面积不断增加，不仅降低土壤肥力，而且恶化土壤水环境，通过食物链危及人类健康。对土壤中的金属净化通常采用一些物理或者化学的方法，但是这些方法不仅代价高昂，而且往往会对土壤带来二次污染，所以如何利用天然手段改良并最终解决土地的金属污染问题，在当下显得尤为引人关注。

（3）植物的水土保持功能。水土流失本是自然界的一种正常现象，但更多情况下，却是由人为活动所造成的，譬如过度放牧、开垦土地、砍伐森林、开矿筑路、炸山采石等。目前关于水土流失的成因和防治的讨论相当多，本书在此不再赘述。但是需要强调的一点是植物在水土保持中的作用需要根据具体情况进行具体分析，主根和须根的区别应当与当地的降水和栽培时的环境结合起来考虑，必要的时候相关的人工辅助也是必不可少的。

整体来看，不论是须根系还是直根系，由于能源植物生长迅速，其根系都比一般植物的发育要更快一些，从理论上看，在水土保持中的效应比一般植物应该强一些。

（4）植物的气候调节功能。大型的生态系统对气候条件有着重要的影响，其中与大气、土壤和水体直接接触的植物体对气候条件有着直接而具体的影响。

植物首先通过蒸腾作用实现生物圈中的水分循环。植物将土壤中的水分吸收，然后经由导管运送到叶片等部位通过蒸腾作用进入空气。大规模植物体与空气接触的边缘部分有相当的潮湿度，这里的水分可以被空气流动带走，形成除了光照之外对当地水土条件的重要影响。更大规模的森林可以显著增加当地的空气湿润度，增加降雨，在较长的时间范围内改变整个气候条件。但是蒸腾效应如果利用不当，也会带来相反的效果。如果降雨条件未及时得到改善，或者水分蒸发过快，降雨量不能弥补蒸腾作用带来的土壤水分的丧失，则可以引起土壤的退化并进一步沙化。因此，在大规模的植物特别是蒸腾作用较大的乔木种植前，需要严格考察当地的降雨量与生物质在单位蒸腾作用下的生物质产出之间的对比关系。

其次，大片的林地可以显著降低空气流动的速度。这一点在风沙的防范和沙漠以及沙尘暴的治理中有着重要的作用。在降低风速方面，间断的大片林地要比连续林地的效果更好一些，在有限资源条件下，需要充分利用这一点。随着风速的降低和植物表面的摩擦作用，可以有效地降低空气中的粉尘含量。

乔木林的树冠和大片草地都可以有效地吸收太阳辐射用于光合作用。通过对太阳辐射的吸收，将其中大量的光能转化为生物能，这样可以有效降低光能辐射对空气中分子的激发，减小分子间的相互碰撞，从而有效地降低气温。夏天林地里的温度要比建筑中的低 10℃ 左右，而草地上的温度则要比建筑中的低 3℃ 左右，这都是植物对光能吸收的结果。

当然，植物降低温度的效果不仅是由对光照辐射吸收所引起的。从小的生态范围来讲，植物能够降低周围环境的温度还包括了水分蒸腾作用吸收的热量和植物叶片本身反射的阳光辐射。在大的生态环境中，植物对温室气体主要是 CO_2 的吸收，这是延缓地球温室效应的主要原因。

1.2.1.2 生物质开发利用的必要性

（1）资源紧张的缓解。目前，自然资源中土地和能源资源由于人口的膨胀和人类对生物质资源的不友好利用出现了紧张局面。生物质中像秸秆和粪便的随意堆放以及生活垃圾的堆置，使很多土地被占用，同时化石类能源也在日渐减少，所以资源紧张的局面急切得到缓解，而生物质具备再利用的性质，而且可以为人类提供能源，利用得当能减少土地的损耗。

（2）环境压力的释放。以前由于生物质的利用不当，人类的环境受到了威胁。比如在我国，有60%的人口生活在农村，其中的秸秆生物质、畜禽粪便等目前尚处于利用效率较低的阶段。一般的处理方式是露天堆放，焚烧，简单堆置，这种粗放的方式给环境带来了很大的压力。[1]

据统计，秸秆焚烧占总秸秆的25%左右。农作物秸秆的主要化学成分是C、N、K、S、P，是可燃烧的物质。主要成分是碳水化合物，理论上是可以完全燃烧的，产物为CO_2、H_2O。但实际上不能使氧化过程充分，处于不完全燃烧中，产物中有一定数量的还原性产物如甲烷和氧化亚氮等。同时会产生大量的温室气体如CO_2、CH_4、N_2O等，还会有大量的烟光。这会降低大气能见度，严重时会使飞机停飞，同时也损失了大量的C、N资源。

另外，诸如粪便类生物质含有NH_3-N、TP、TN、大肠杆菌、蛔虫、卵等，其中以病原微生物和有机氮对环境的危害最大。有机氮会产生恶臭气味，同时使水体富营养化，给地下水带来硝态氮污染等。

城市生活垃圾不仅仅侵占大量土地，而且会造成空气和土壤污染。工业废水的任意排放对于水体的污染更严重，有时还会危及农民养殖业，造成巨大损失。已经引起世界范围关注的温室效应也是一个亟待解决的环境问题。

（3）经济增长以及生活水平提高的需求。随着科技的发展，人们的生活水平有了提高。但由于种种原因，农民的经济水平还不是很高，如果能开发利用生物质资源，不仅解决了环境压力问题，还可为很多劳动力创造就业机会，通过农业工业的发展来增加他们的经济收入。

（4）生态平衡的需要。所谓的生态平衡是指：在一定时期内，系统内生产者、消费者和分解者之间保持着一种动态平衡，系统内的能量流动和物质平衡在

---

[1] 罗富亮. 铈基催化剂作用下松木屑热解实验研究［D］. 包头：内蒙古科技大学，2019.

较长时期内保持稳定。美国环境学家小米勒（G. T. Miller, Jr.）曾经提出过生态学三定律：

第一定律（多效应原理）：我们的任何行动都不是孤立的，对自然界的任何侵犯都具有无数效应，其中许多效应是不可逆的。

第二定律（相互联系原理）：每一种事物无不与其他事物相互联系和相互交融。

第三定律（勿干扰原理）：我们生产的任何物质均不应该对地球上自然的生物地球化学循环有任何干扰。❶

长期以来由于我们对生物质利用不当，已经造成了一定的生态破坏，为了减少和阻止破坏的进一步发展，开发和正确利用生物质资源成为时代的呼唤。

1.2.1.3　生物质开发利用的可行性

首先，这一课题在世界范围内引起了足够的重视。人们在主观上已经认识到生物质的重要性，也预测到开发利用这类生物质资源会给人类带来难以估测的社会、经济和生态效益。

其次，现代科学技术的发展加快了这一课题的开展。分子科学的诞生使我们能够从诸多方面去了解和认识各种生物质的结构组成以及性能特点，加之工业技术的突破，也减少了开发利用过程中的阻力。

最后，"生物炼制"将生物质工程带入工业化时代。与通过石油炼制生产石油基产品类似，1982 年，学术界首次提出了生物炼制的概念，生物炼制是指通过生物化学、热化学和分子生物学的技术平台将生物质转化为生物能源及生物基化工产品的炼制技术和装备体系，而在炼制的终端即是生物基产品（bio-based products）。炼制一般是将生物质水解成糖后进入到几个不同含碳水平的转化平台：有含一个碳（C1）的生物气甲烷和甲醇等，有 C2 平台上的乙醇、醋酸、乙烯、乙二醇等，有 C3 平台上的乳酸、丙烯酸、丙二醇等，有 C4 平台上的丁二酸、富马酸、丁二醇等，有 C5 平台上的衣康酸、木糖醇等和 C6 平台上的柠檬酸、山梨醇等。转化的生物基产品有乙醇、生物柴油、沼气等生物质能源，有生物塑料、尼龙工程塑料等生物质材料，有乙烯、乙醇、丙烯酸、丙烯酰胺、

---

❶ 张国昕. 生态文明理念下西北宁陕地区移民宜居环境建设研究［D］. 西安：西安建筑科技大学，2017.

1,3-丙二醇、1,4-丁二醇、琥珀酸等百余种重要化学品等。

1.2.1.4　生物质在我国未来可持续发展战略中的地位

在我国，能源、环境和"三农"的形势十分严峻，对生物质能源产业有急迫的需求。

（1）能源替代。我国能源资源短缺，消费结构单一，需求增长，石油进口依存度高，形势十分严峻。

我国经济的高速发展，必须建立在能源安全和有效供给的基础上，特别是石油。资源短缺，需求剧增，结构单一，（进口）依存度高，安全度低，以及石油和相关产品价格飙升的严峻挑战，已经越来越深刻地影响我国经济的健康发展和安全。在厉行能源节约和加强常规能源开发的同时，改变目前的能源消费结构，向能源多元化和可再生清洁能源时代过渡，已是迫在眉睫。[1]在众多的可再生和新能源中，生物质可以生产液体燃料，保障国家石油安全，可以用于生产电力，解决国家供电缺口。[2]

（2）为环境减压。随着我国经济的高速增长，以化石能源为主的能源消费量剧增，对环境压力越来越大。我国是《京都议定书》的签约国，2007年6月在德国召开的八国首脑会议上我国面临重大压力，在会前发表了《中国应对环境变化国家方案》，提出了减排二氧化碳的2010年具体指标。随着经济发展，以煤炭为主的化石能源消费还将大增，以及面对"后京都议定书"IPCC提出的2030年减排50%的指标，我国的减排压力会越来越大。必须争取时间，改善能源消费结构，提高能源消费效率，加快推进生物质能源的发展进程。

此外，农村作物秸秆的露地焚烧、畜禽粪便对大气和水体的污染、石油基地膜对土壤肥力的伤害，以及农林产品加工业的耗氧性废气废水等都造成了对生态和环境的严重伤害。发展生物质产业可以使之无害化和资源化，既减轻了环境压力，又发展了生产。

（3）为"三农"解困。生物质能源是以农林及其加工生产的有机废弃物，以及利用边际性土地种植的能源植物为原料进行生物能源和生物基产品的产业。

---

[1]　周育红，花海蓉，陈前．低碳经济下农作物秸秆能源利用需求性分析［J］．环境与可持续发展，2012，37（4）：104-108.

[2]　罗富亮．铈基催化剂作用下松木屑热解实验研究［D］．包头：内蒙古科技大学，2019.

生物质原料生产是农业生产的一部分，产品是农业产业链条的延伸，现代生物质产业是传统农业生产的一种拓展和延伸。[1]

各国发展生物质产业总是与发展农村经济结合在一起的，我国在发展农村经济上，可以延伸生产链条，拓宽生产领域和农民增收渠道；在社会效益上可以推进农村工业化和中小城镇建设，缩小工农和城乡差别；在生态效益上可以通过对农林等有机废弃物或污染物的利用和使之无害化和资源化，推进资源化节约与循环使用，以及缓解农村秸秆、畜禽粪便和石油基地膜的三大污染，改善农村的环境状况，改善农村生活能源的消费水平和质量。

发展生物质能源产业将大大推进现代农业和社会主义新农村建设，是"工业反哺农业""以工促农，以城带乡"的一条有效和可操作的途径。

1.2.1.5　我国生物质发展思路与原则

世界各国在发展生物质产业中，都将同时发展其能源代替、改善环境和发展农村经济的三大功能，但各国国情和发展背景不同而侧重点各异，有着与本国相适应的发展方向和原则。

根据我国国情并参照国外的经验，在发展我国生物质能源产业上，中国农业大学石元春院士提出了"一矢三的，重在'三农'；不争粮地，生态先行；多元发展，因地制宜；突出重点，中小为主；资源循环，环境优先"的五项发展思路和原则。

（1）一矢三的，重在"三农"。如果将生物产业比作"一矢"，则"三的"是指能源、环境和"三农"三个目标。

美国突出生物乙醇，战略重点在于替代车用燃料和缓解石油需求与进口压力；欧盟产品多元，战略重点是保护环境与替代能源并重；巴西甘蔗乙醇的战略重点是缓解石油进口压力到本国乙醇经济，扩大对外出口。在我国，能源，环境和"三农"的形势十分严峻，对生物能源产业都有急迫需求。[2]

在发达国家，特别像美国和欧盟，能源消费需求及进口依存度高，对环境质量要求的压力大，因而对于石油替代和改善环境质量作为战略重点。而中国、印度和巴西等发展中国家，除能源和环境外，"三农"问题也是本国发展经济的难

---

[1] 罗富亮. 铈基催化剂作用下松木屑热解实验研究［D］. 包头：内蒙古科技大学，2019.

[2] 贺仁飞. 中国生物质能的地区分布及开发利用评价［D］. 兰州：兰州大学，2013.

点和重点，特别是我国再经二三十年，生物质能源可能会占到总能源消费结构中的 10% 左右，而"三农"可以以此为契机，将"以工哺农，以城带乡"落到实处，有利于对于农业的结构调整、现代农业建设、农民增收、发展农村工业和中小城镇、缩小工农和城乡差距以及社会安定和谐。其经济、政治和生态上的深远影响是不可估量的。

从技术和经济层面上，生物质产业的基点在于原料生产，原料成本占总成本的 60%~80%，产品利润空间和市场竞争能力也在很大程度上取决于原料。此外，生物质能源产业的难点也在于原料的生产，必须善于对原料选择与搭配，善于化解原料生产的分散性、季节性和不稳定性。做到稳定而持续的供应，善于与农民合作和利益的分割。必须把生物质能源产业的第一车间建在田间和保证它的有效运行。

（2）不争粮地，生态先行。我国耕地和粮食十分紧缺，人均耕地不到世界平均数的一半，人均粮食低于世界平均水平，粮食安全和严格控制占用耕地是国家的长期战略。这个基本国情决定了我国发展生物质产业不能与农业争粮争地。20 世纪末，我国曾发展以陈化粮为原料生产燃料乙醇，这是在当时特殊背景下的一种尝试。从长远考虑，原料应主要为农林有机废弃物和利用边际土地种植能源作物。

在我国近代农业的发展中，由于粗放和掠夺式经营，导致了大面积土地沙化和水土流失，生态修复和抑制继续恶化的任务很重。因此在生物质生产中，必须坚持生态先行原则，特别是阻碍开发边际性土地种植能源作物中，必须以防止水土流失和生态恶化为前提和条件，做好生态保护工程，做到生态生产双赢。❶

（3）多元发展，因地制宜。由于生物质原料的多元、产品的多种、需求的多样、自然条件的复杂，以及要和发展农村经济的结合，我国发展生物质能源产业必须走原料与产品多元化和因地制宜的道路。例如，南方以木薯和废糖蜜，北方以甜高粱和薯类生产燃料乙醇；丘陵山地的木本油料、棉区的棉籽、冬闲地的油菜等生产生物柴油；作物秸秆富集区和林业剩余未富集区发展成型燃料及热电联产；规模化养殖区和工业有机废弃物集中区规模化生产沼气及纯化压缩加工；粮食加工区进行淀粉和生物塑料生产；北方半干旱四大沙漠种植旱生灌木，生态恢复和能源基地共建双赢。全国如此，省、市、县也依其本地资源特点和优势、

❶ 贺仁飞. 中国生物质能的地区分布及开发利用评价 [D]. 兰州：兰州大学，2013.

技术条件和市场情况，因地制宜地进行原料和产品多元化布局与设计。

（4）突出重点，中小为主。与多元发展和因地制宜相呼应的是突出重点和中小为主。从国家到省、市、县，以及企业在因地制宜和多元发展的同时，需要突出主原料与主产品，作为发展重点，并做好本产业内部及相关产业间的综合平衡。以广西壮族自治区为例，同时拥有甘蔗和木薯两种能源作物，甘蔗制糖是广西的支柱产业和我国主要糖产来源，因此生物质能源的主原料不宜定位于甘蔗而在木薯，甘蔗乙醇反作为产品丰缺和价格涨落情况下的调节之用，巴西在这方面取得了成功经验。广西缺煤，但有大量宜林荒山，宜发展能有灌木，以木质成型燃料替代锅炉用煤，供热发电。南宁市民用液化天然气十分紧张，但郊区有许多木薯酒精生产厂，排放大量高 COD 废液污染环境，可以此废液为原料生产沼气，经纯化压缩后灌装灌输，替代液化天然气。

（5）资源循环，环境优先。资源的循环利用与保护环境是相辅相成和相融一体的。积极开发利用农林加工及城市的有机废弃物，即促进资源循环利用，又有利于减少污染，保护环境。在生物质加工过程中产生的大量有机废水废渣，既是污染物，又是资源。

当前在生物乙醇等的加工中，都有不同程度的废水废渣排放，必须坚持环境优先的原则，将达标排放与资源循环利用结合起来。

1.2.2 生物质的特征

1.2.2.1 生物质的类型

生物质资源种类繁多，分布广泛，包括所有生物的残体和代谢物，对此还没有统一的分类方法。随划分的标准不同，可有多种分类方法。如根据状态不同可分为：绿色生物质和非绿色生物质、固体生物质和液体生物质。按有效成分可分为：糖用生物质、淀粉用生物质、纤维素用生物质、油料生物质、蛋白用生物质、活性物原料生物质。按照来源不同可分为：

（1）农林主产品，包括玉米、小麦水稻等谷物的一部分、油菜、向日葵、麻风果等果实；（2）种植农业废弃物，主要有各种作物秸秆、甘蔗叶、椰子叶、棕榈枝叶等；（3）林业废弃物，包括枝杈柴、薪柴等；（4）园林废弃物，包括修剪枝条、割草等；（5）养殖废弃物，主要为动物粪尿及养殖场废水废渣；（6）加工废弃物，包括稻壳、玉米芯、甘蔗渣、花生皮酒糟、醋糟、菊花粉椰子壳、椰子皮、棕榈壳、废水和黑色液体、屠宰废弃物等；（7）生活废弃物及人粪尿；（8）能源生物，包括甜高粱、木薯、柳枝稷等纤维植物、速生林、蓝藻类等。

1.2.2.2　生物质的化学组成与特点

生物质基本上由糖类、淀粉、蛋白质、油脂、纤维素、半纤维素和木质素组成，它们属于可再生资源，与逐年减少的化石燃料不同，可以年年产生。

生物质在400℃下70%~80%的组分可挥发分解逸出，而煤在800℃下仅放出30%的组分，因此将生物质转换为气体燃料比较容易。另外，与化石燃料相比生物质类物质含碳少，产热值低，但由于比化石类燃料的含氧量几乎高1倍，反应活性高，这也是目前将生物质气化生产生物质燃料的可行性原因之一。

较低的含硫量使得其在燃烧过程中比较清洁，对空气污染少，除了稻草和稻壳等含灰分较多外，生物质的灰分含量普遍较低，开发利用过程中容易控制。

但是生物质的营养成分较低，质地粗糙，适口性差，像秸秆类资源在反刍动物的饲料利用上具有一定的局限性。

此外，由于目前国家之间以及国内不同的地区间地质地貌等诸多方面的差异，生物质资源比较分散，存在着分布不均、收集困难等原因。

1.3　生物质能在世界能源供应中的地位

随着社会的发展，煤炭、石油、天然气等一次性能源的大量使用，不仅造成了当今世界的能源危机，产生大量的废弃物，而且破坏了生态环境。紧随其后的温室气体效应，SO_2、CO_2的过量排放和酸雨等问题也接踵而来，探索寻找新能源的使用就成了不可回避的问题。

在探索发掘的所有新能源中，生物质能独树一帜，具有很强的竞争力和优势。首先生物质能源是人类最"熟知"的朋友，生物质能在历史长河中与人类的生活密切相关，也一直是人类赖以生存的主要能源。其次，生物质能属于清洁能源，它的利用可大大减轻环境的污染程度。比如沼气，在所有的生物质能源中沼气是使用最早，也是曾大面积推广的能源之一。沼气是有机物在缺氧情况下经微生物分解、发酵而生成的一种可燃气体，沼气的主要成分是甲烷，燃烧时对环境污染小。农村户用型沼气往往将人畜粪便和生活污水送入到沼气池内发酵生产沼气，这样一来可有效抑制蚊蝇的滋生，还可以杀死人畜粪便中的很多病原菌和某些寄生虫卵，已成为农村防控一些传染病的有效手段。同时一口沼气池的建成，可以让一户农户在一年内节约 3000kg 的柴薪，相当于保护了 3~4 亩森林的年生长量，为保护森林覆盖率做出巨大的贡献，有利于保护生态环境。

生物质能一直是人类赖以生存的重要能源之一。在远古时代，自人类发现火开始以来，就以生物质能的形式利用太阳能来烧烤食物和取暖，而直到近两个世纪，人类发现并大规模使用矿物燃料时，这一情况得到改变。即便如此，生物质能在全球能源消费中仍占有相当的份额（约 4%），仅次于煤炭、石油和天然气，居于世界能源消费总量的第四位。

相较于化石燃料而言，生物质发电排放的二氧化硫、氨氮化合物和烟尘等污染也远低于燃煤发电。能源安全、生态环境恶化和全球变暖是目前全球所面临的重大危机，走可持续发展道路是唯一途径，生物质能作为可再生、清洁型和碳中性的新兴能源，具有其他能源不可比拟、不可替代的优越性。因此，生物质能源作为人类能源被重点发展是全球必然趋势。

目前，世界各地生物质能消费占当地总能源消费的比例为非洲约 60%、亚洲约 44%、欧洲约 4%、大洋洲约 35%、北美洲约 4%、南美洲约 26%、中美洲约 15%。发展中国家高于发达国家，在非洲等不发达地区，生物质能消耗占总耗能达 90% 以上。

日本"阳光计划"：日本一个主要依靠石油进口的国家，1973 年出现石油危机后，为寻找石油的替代燃料，通过开发各种新能源来缓解化石能源对环境的污染，为此发布了"阳光计划"。"阳光计划"主要包括太阳能、地热能和氢能的利用以及煤的气化和液化，也包括风能、海洋能和生物质能的转化利用，这一计划促进了日本新能源的开发利用。1993 年，日本实施新的"阳光计划"，着重解决清洁能源问题。到 2020 年，科研经费将达到 15500 亿日元，目标是减少日本现有能耗的 1/3，降低 50% 的 CO_2 排放量。

巴西"燃料乙醇计划"和"生物柴油计划"：巴西 2006 年农业 GDP 占总 CDP 的 27.2%，是一个真正意义上的农业大国。巴西盛产甘蔗，也是世界上最大的乙醇生产国，每年乙醇产量高达 120 亿升。20 世纪 70—80 年代的两次石油危机对巴西的经济造成沉重打击，迫使巴西另寻能源出路。1975 年，巴西施行"燃料乙醇计划"，80 年代达到乙醇燃料的利用巅峰，然而由于政策改变和石油价格下调等原因，巴西的乙醇燃料无人问津。21 世纪初，石油价格攀升，环境问题得到各国重视，清洁能源登上历史舞台，乙醇燃料再次在巴西掀起热潮。在此基础上，2004 年 12 月巴西政府发布了临时法令"生物柴油计划"。

欧盟"欧盟生物质行动计划"：目前，在欧盟可再生能源消费总量中，生物质能占 65%，约为能源消费总量的 4%。为创建良好的市场外部条件，建设一个共同的、稳定的可再生能源政策框架，欧盟委员会及成员国制定了一系列政策，以鼓励生物质能的开发利用。"欧盟生物质行动计划"于 2006 年正式颁布实施。除此之外，"欧盟环境技术行动计划（2004）"和"欧盟交通生物质燃料法令（2001）"等也为欧盟生物质能发展提供了目标框架和约束体系。

美国"国家 307 规划"和"区域物质能源计划"：20 世纪 70 年代以来，美国就一直非常注重生物质能的研究。"国家 307 计划"提出利用可再生资源满足美国能源需求的远景计划，该计划由乙醇、生物柴油、农用替代能源和生物能四个研究部分组成。

在发展中国家中，印度的可再生能源开发利用异军突起。发布了"绿色能源工程计划"，旨在开发和利用可再生能源，目前主要集中在太阳能和风能开发利用。中国能源消耗居世界第二，是石油进口大国，同时也是一个农业大国。生物质能源的开发利用不仅可以保障国家能源安全、改善生态环境和缓解温室效应，还可以有效解决"三农"问题、增加农民收入、创造更多农村就业机会。中国国土面积为 1045 万平方公里，总人口为 13.95 亿（2018 年），属于人多地少，人均耕地面积约 1000m^2。因此，在种植生物质能源作物时，应避免与农作物争地，尽量使用边际用地。我国农村生物质能约占全部生物质能的 70% 以上，虽然资源丰富，但多为能效低、污染环境的传统利用方式。

2015 年，我国商品化可再生能源利用量（标准煤）为 4.36 亿吨，占一次能源消费总量的 10.1%。生物质能继续向多元化发展，各类生物质能利用量约 3500 万吨（标准煤）。2016 年最新颁布的《可再生能源发展"十三五"规划》中指出，可再生能源是能源供应体系的重要组成部分，全球可再生能源开发利用规模不断扩大，应用成本快速下降，发展可再生能源已成为许多国家推进能源转型的核心内容和应对气候变化的重要途径之一。目标是实现 2020 年和 2030 年非化石能源分别占一次能源的 15% 和 20%，加快建立清洁低碳的现代能源系统，促进可再生能源产业持续健康稳固发展。到 2020 年，生物天然气年产量达 80 亿立方米，建设 160 个生物天然气示范县；生物成型燃料利用量达 3000 万吨；生物质发电总装机达 1500 万千瓦，年发电量超过 900 亿度；生物液体燃料年利用量达到 600 万吨。

我国生物质能资源种类多，数量大而且分布广泛，各种能源作物和废弃物每年产量就达 20 多亿吨。这些生物质中只有很少量被转化为沼气、氢气、燃料乙醇、生物柴油等一些能源，仍有大部分的生物质能源被遗弃和浪费。在我国水电能、风能、太阳能等能源还不能满足需求的状况下，选择开发利用生物质能源就成了社会发展的必然选择。近些年国家也逐渐加大了发展生物质能的政策扶持，出台了一些相关的法律和规划，对我国中长期的生物质能源发展具有重要的指导意义。

生物质能的利用与其他可再生能源相比也有着非常优越的地方：与太阳能、风能比较，生物质能具有可储存和来源稳定的特征；与水能、风能、地热能比较，生物质能的来源广泛，蕴含量也比较大；与核能、潮汐能相比较，生物质能又具有安全可靠，成本低廉的特征。综合各方面因素考虑，可以认为生物质能是最可靠清洁的新能源。

因此，在轰轰烈烈的可再生能源发展浪潮中，生物质能源的利用将成为前景最广泛的可再生能源。同时，合理利用生物质能，也是充分利用资源、变废为宝、保护环境的重要手段，符合可持续发展的要求，发展生物质能源具有非常重大的意义。

1.4　生物质能转化利用技术

我国作为一个农业国家，农村人口在总人口中占有很大的比例，生物质能一直是农村的主要能源之一，在国家能源构成中占有很重要的战略地位。虽然我国拥有很丰富的生物质能资源，但是长期以来，并未得到充分合理地利用。已经利用的生物质也多以直接燃烧为主，燃烧效率低于 10%。对社会、经济、环境和生态都造成了严重的影响。如何合理高效地利用这个巨大的宝藏，很多科学家都在为之努力研发。

生物质能源应用广泛，从家庭取暖到汽车驱动、计算机及通信设备的运行到医疗设备（如心脏起搏器）的维持，生物质能源都起到了重要的作用。除薪柴直接燃烧外，生物质能源经技术转化，可生产沼气、制取乙醇、制作固体燃料、用于发电等。特别是在我国广大农村，生物质能源的开发尤其是沼气的利用具有很强的普及性。在一些沼气开发使用较早的地方，几乎家家户户有沼气池，炊事、照明每天都要使用沼气。

事实上，在开发利用生物质方面，从远古人类的钻木取火，到目前各国努力开发的新技术，人们一直没有停止过探寻。现代生物质能技术的开发是从 20 世纪 70 年代末期开始的，比如像市场上出售的直接燃烧秸秆的设备。我国在这方面起步较晚，虽取得一些成绩，但技术水平和国外相比还是存在一定差距。总体来说，人们在探索充分、有效利用生物质能的新技术、新方法时，有多种技术被陆续研究开发出来。这些新能源技术大体可分为直接氧化、热化学转化技术和生物化学转化技术三大类。

1.4.1 直接氧化

把生物质直接燃烧获取热量是目前最普遍的利用方法。在原始社会，人类已经开始使用柴薪和碎木作为燃料。虽然人类这种利用生物质的方式已经有数十世纪的历史，但如何提高利用效率仍是当前亟待解决的问题。像发展中国家当前使用的炉灶，其热效率只有 10%左右，如果能够提高生物质的利用效率，就可以有效减少林木的砍伐，从而减少可能造成的各种环境生态问题。

生物质的直接燃烧技术就是把生物质譬如木柴、禽畜粪便等直接送入燃烧室内燃烧，燃烧产生的能量主要用于发电或集中供热。生物质直接燃烧前，只需对原料进行简单的处理，可减少项目投资，同时燃烧产生的灰分可用做肥料。另外，作为燃料使用的生物质由于水分含量高（生物质含水量可高达 90%），水分蒸发时就会吸收很多生物质燃烧放出的热量。所以，高水分生物质在直接燃烧之前还应该经过干燥处理。

直接燃烧过程所产生的热和（或）蒸汽可用于发电，或者集中起来供应热量，如各种工业余热、家庭集中供暖等。小规模的利用，如家庭做饭和房间取暖等，通常情况下热效率比较低。为此，各国都在努力研制更高效率的灶具，目前已经研制出了大型工业所需要的燃烧炉和锅炉。这些炉具还可以燃烧不同的生物质，拓宽了生物质直接燃烧的原料来源。此外，在生物质直燃发电方面，丹麦走在了前面，从 1988 年建成第一座秸秆生物质发电厂起，逐渐发展到全国拥有 130 家秸秆发电厂，使生物质能成为丹麦重要的能源。我国在此方面还有很大的差距，虽然国内已有秸秆发电厂，但规模都不大，供应电力有限。在今后一段时期应该研究开发经济上可行、效率较高的生物质发电系统，这也是我国能否有效利用生物质的关键。

生物质的直接燃烧利用方式，不仅利用率低，而且燃烧不充分还会对环境产生污染。普通炉灶直接燃烧生物质热效率很低，一般不超过20%。在农村推广节能灶，能够大大提高热效率，甚至达到30%以上的利用率。而在城市推广废弃物直接燃烧的垃圾电站，也可以大大提高生物质能的利用效率。

1.4.2　热化学转化

生物质在没有氧气或有很少氧气存在的情况下升温，当温度达到一定程度（300~700℃）时，生物质就会发生热分解，成为很容易被使用的二次能源，这个转化方式就是生物质能的热化学转化。通过热化学转化可以在各种条件下加热生物质，使生物质的成分发生变化从而获得容易利用的物质。这项技术也已经被人们使用了数个世纪，如生产木炭。

热化学转化技术获得的产物有固体（木炭）、液体（生物油）和可燃气体混合物三类。由于生物质是有机物，加热时不仅会发生热分解，会和周围的氧气发生反应（氧气的量过多时会燃烧），也会和周围的水发生反应使产物分解等。所以在转化过程中精确地控制反应条件是非常重要的，如在中等反应温度状态下，通过快速（或闪速）热解可获得生物原油（占产物总量的80%），若低温慢速热解会生产出更多的木炭（占总量的35%~40%）。生物原油与固体生物质相比有更高的能源密度，也能够很容易地被运输、精炼成各种成品油类，用于供热或发电，所以已引起人们的高度关注。

在固、液、气态三种类型的产物中，木炭造福人类已有数百年的历史。木炭疏松多孔，具有良好的表面特征，灰分低，具有良好的燃烧特征，含硫分低，燃烧产物比较清洁，易碾磨。因此木炭可被加工成活性炭用于化工和冶炼，改进技术工艺后，也可用于燃烧加热反应器。生物油相对利用历史较短，但是生物油已是一种用途极为广泛的新型可再生液体清洁能源产品，可在一定程度上替代化石燃油燃料，也可将生物油进一步的催化、提纯，制成高质量的柴油和汽油产品，供各种运载工具使用。此外，热化学转化之后得到的不可凝结的气体，热值较高，它可以用作生物质热解反应的部分能量来源，如热转化材料的烘干和用作反应器内部的惰性硫化气体和载气。

最近，出现了一种新的快速裂解工艺，就是流化床快速裂解技术。干燥的生物质细小颗粒以流动的方式被快速分解，热蒸汽的停留时间仅为1s，产物通过旋风分离器将焦炭与液体产物分离，得到的液体能被快速冷却。这样，一些不稳定的液体产物达到保留。最终得到的液体产率可达到75%（质量分数）。

1.4.3 生物转化

生物转化是在一定条件下，使生物质气化、液化、碳化或热解，从而生产出气态、固态燃料和一些化学物质，供生产生活所需。

目前，国内外应用比较广泛、技术比较成熟、发展前景比较广阔的技术为生物质气化技术和生物质液化技术，两者均属于物化转换技术。

生物质气化技术是指在一定的热力学条件下，将碳氢化合物转化成可燃烧的气体，如氢气和一氧化碳等。

这种技术的主要优点是将生物质资源转化成气体燃烧，利用率高并且无污染，用途广泛。但是，不足之处在于技术所要求的工艺系统比较复杂，生成的气体燃料不方便存储和运输，需要专门的用户和配套设施。将生物质进行气化后还可以用于发电，利用可燃气推动发电设备发电，既能解决生物质资源难以利用的缺点，又可以充分利用燃气。减少燃气燃烧所需的设备技术要求是生物质能最有效、最洁净的利用方法之一。

生物质液化是使生物质在缺氧条件下热解，使其降解为液态燃油、可燃气体和固态生物碳的过程。该技术的主要优点是可以将生物质制成燃油，可替代石油产品，发展前景广阔。但该技术比较复杂，成本高，某些关键技术仍处于实验室研究阶段，距实际推广利用还有较长距离。

生物转化主要借助厌氧消化和生物酶，将生物质转换为液体燃料或者气体燃料。前者包括小型的农村沼气池和大型的厌氧污水处理工程，后者包括可以把一些含有糖分、淀粉和纤维素的生物质转化为乙醇等液体燃料的工程。

我国将重点发展四个重点领域，开拓农村市场，发展新型产业，为农村提供更高效清洁的生活燃料，并为替代石油开辟新的渠道。

一是大力普及农村沼气。到2020年使适宜农户普及率达到70%，基本普及农村沼气。

二是积极推广农作物秸秆生物气化和固体成型燃料。有条件的地区要继续发展秸秆生物气化技术，为农户提供清洁能源。秸秆固体成型燃料项目近期要以农村居民炊事和取暖为重点，加快试点示范，逐步解决农村基本能源需要，改变农村用能方式，提高资源转换效率。

三是试点发展生物液体燃料。根据中国土地资源、农业生产特点，利用荒山、荒坡及盐碱地等土地资源。稳步发展甜高粱、甘蔗和木薯等非粮食能源作物，建设能源基地，生产燃料乙醇。

四是稳步推进秸秆发电。借鉴欧美等发达国家的做法，深入调研和总结江苏、山东、河北、吉林等地秸秆发电利用的经验，开展适度规模的秸秆发电。

生物质能源转化技术和利用也有不同的方法，无论采用哪种方法，为了实现哪个目标，合理利用，更好地为人类服务才是生物质能源利用的追求。

2 废弃物资源及其生产与再生产

经济的高速发展，必然带来对物质资源的大量需求，同时必然伴随产生大量废弃物，工业的发展势必带来大量的原材料的消耗。当今是大量生产、大量消费、大量废弃的年代，废弃物产生量越来越多。因此，21世纪我国要实现持续发展，必须努力寻求将废弃物资源尽可能地转化为可利用的再生资源，实现对资源消耗的减量化、无害化和资源化，最终实现自然资源零消耗的目标。

2.1 生物质资源的生产与再生产

2.1.1 生物圈的环境

地球表面有生命的地带称为"生物圈"，在1875年由奥地利地质学家休斯（E. Suess）首次提出，它包括地球上一切生命有机体（植物、动物和微生物）及其赖以生存和发展的环境。因此，生活在大气圈、水圈、岩石圈和土壤圈界面上的生物，就构成了一个有生命的生物圈。根据生物分布的幅度，生物圈的上限可达海平面10km的高度，下限可到海平面以下12km的深度。

（1）大气圈。地球表面的大气圈的厚度从地球表面到空中约1000km以上，但是对生物生活起直接作用的是大气圈下部的对流层，其平均厚度约为10km，占全部大气质量的70%~80%。对流层中空气的主要成分保持不变。

氮气是中性介质，主要起到稀释氧气，减少氧化的作用。二氧化碳在空气中的含量不多，为光合作用提供原料，且具有吸收和释放辐射能的作用，是主要的温室气体。

对流层中形成的风、霜、雪、雨、露、冰雹等自然现象，一方面调节了地球环境的水分平衡，有利于生物的生长发育；另一方面给植物带来了破坏和损伤，如风灾、水灾及冰雹对植物的破坏作用。

（2）水圈。地球表面71%的面积覆盖着海洋和江河，加上地下水、气体水及雪山冰盖的固体水，形成了地球表面的水圈。全球共有 14.5 亿立方千米的水，其中海水占 97%，淡水仅占 3%，而 3% 的淡水中又有 3/4 是人类目前无法利用的固态水，如两极的冰川，高山上永久不化的冰川和积雪等。由于各地区水质的不同（海水、淡水、咸水等），环境中水分的多少也不一样（水生、中生和旱生环境等），从而为生物的生长发育和分布提供了丰富的生态环境条件。

（3）岩石圈和土壤圈。岩石圈是指地球表面 30~40km 厚的地壳层，是组成生物体各种化学元素的仓库。由于岩石的组成成分不同，风化后形成的土壤成分、结构、有机质含量等也不同，从而为植物的生存创造了各种不同的土壤类型。土壤圈不仅是岩石圈的疏松表层，而且是在生物体的参与下形成的。坚硬岩石在物理和化学分化的作用下，逐渐破碎成细小的矿物颗粒，而死亡的动物残体，在微生物的不断分解下，最后形成了腐殖质，腐殖质与无机风化物形成了复合体，增加土壤肥力，给植物生长发育提供了良好的场所。

2.1.2　生态系统

生物群落与环境之间以及生物群落内部通过能量流动和物质循环形成一个统一的生态系统。这个概念最初由英国生态学家坦斯列（A. G. Tansley）在 1935 年提出的。一个发育完整的生态系统分为生物部分和非生物部分。生物部分是指植物、动物和微生物，按照它们获得营养和能量的方式和在能量流通与物质循环过程中所担负的作用，分为以下三种类型。

（1）生产者只能进行光合作用的绿色植物和化学能合成细菌，它们是生态系统中最积极的成分。绿色植物通过光合作用将太阳能转化成化学能，同时合成的糖类、脂类和蛋白质等为其他生物的生存提供了食物来源。所以，没有绿色植物就没有生态系统。

（2）消费者专门以绿色植物或动物为食的生物，包括各类动物和某些寄生或腐生的菌类。它们只能依赖生产者生产的有机物为营养，进行自身的生命活动，是异养生物。根据食性可分为草食类和肉食类。肉食类又可分为 I 类肉食类（以食草动物为食者）、II 类肉食类（以 I 类肉食类为食者）和 III 类肉食类（以 II 类肉食类为食者）。此外，还有一类杂食性消费者。

（3）分解者是指细菌、真菌、某些土壤原生生物和腐食性无脊椎动物。它们营腐生生活，把动植物的尸体、排泄物和废弃物等分解成简单的化合物，最终分解为无机物，回归自然环境中去，被生产者再利用，在物质循环和能量流动中起到重要作用，约有90%的陆地生物质要经过分解者分解。

非生物部分是指环境中生物所需要的无机物、太阳能和空间，包括气候因子，如日光、温度及其他物理因素；无机物，如水、氮、氧、二氧化碳和各种无机盐等；有机物，如腐殖质、蛋白质、碳水化合物、脂类及次生物质等。

2.1.3 生态系统的能量流动

生态系统的能源来源于太阳。太阳能照射到地球表面，一部分以热能的形式温暖着大地并驱动着水分循环和空气流动；另一部分太阳能被绿色植物吸收，转变为化学能，制造有机物。被植物吸收的太阳能约占照射日光的50%，而其中仅约有0.4%用于生产有机物；除提供环境热量外，植物仅利用太阳能的0.1%左右。[1]虽然如此，地球上的植物每年为地球生产了约1700亿吨的有机物，其中99%存于生产者，消费者仅有1%的有机物。

生态系统是一个开放系统，能量流动是单向，不可逆的。能量通过光合作用从外界输入，生态系统的总能量是增加的；而生物代谢过程则需要消耗能量，主要以呼吸的方式散溢。光合作用的能量输入与呼吸作用的能量输出是持续过程。当输入大于输出，生物群落的能量增加，生物群落发展；反之则相反。当输入与输出平衡时，则群落趋于稳定，形成顶级群落。

在系统中生态系统能量流动是通过以食物为枢纽的营养关系——食物链方式进行的。绿色植物通过光合作用吸收太阳能制造初级营养能源，然后沿着一定的方向进行传递流通，即第一种生物被第二种生物食用，第二种生物被第三种生物食用，形成以食物为枢纽的链锁关系。食物链上每一环节称为一个营养级。通常是生产者（植物）为Ⅰ类肉食类所食用，Ⅰ类肉食类为Ⅱ类肉食类所食用，Ⅱ类肉食类为Ⅲ类肉食类所食用，如草→昆虫→蛙→蛇→鹰，藻类→浮游生物→小虾—小鱼→大鱼等都是不同的食物链。

2.1.4 生态系统的物质循环

生态系统的物质循环是指生态系统从大气、水体或土壤中获得营养物质，通过植物吸收进入生态系统，被其他生物重复利用，最后回归自然环境的过程。全球碳的存有量约$2.6×10^6$t，其中96.2%以碳酸盐的形式储存于岩石中（如石灰

---

[1] 纪占武. 人工自然过程论视域下生物能源发展研究［D］. 沈阳：东北大学，2010.

岩、大理岩等），另外 2.9% 的碳是地层中的有机化合物（如煤炭、石油和天然气等），这些固体或液体状态的碳是全球碳循环的储存库。碳循环的方式可分为以下几种层次。

（1）细胞级循环。主要指植物的光合作用与动植物的呼吸作用释放出 CO_2。

（2）植物级循环。指植物吸收有机碳而生长，死亡后尸体腐烂经微生物分解释放出 CO_2。

（3）食物链循环。植物的非木质化部分被吞食后转化为动物组织，且沿食物链进行传递。

（4）生物地球化学循环。包括地球生物系统、人类活动（如煤炭、石油和天然气的燃烧）及火山活动等与大气之间的碳交换。

（5）大范围循环。包括陆地生态系统与大气之间、海水深层与表层之间、海水与大气之间的碳循环。

以上五种方式相互影响，相互制约，构成了自然界中碳循环。所以，地球上的绿色植物就好像是一座"绿色工厂"，源源不断地为地球上绝大多数生命体提供物质和能量的来源。绿色植物又好比是一台天然的"空气净化器"，不断地通过光合作用吸收 CO_2 和释放 O_2，使大气中的 O_2 和 CO_2 的含量相对稳定。基于生物质的独特的形成过程，生物质能既不同于常规的化石能源，又有别于其他可再生能源。

2.1.5　生态系统的生产与再生产

生态系统的生产包括植物性生产和动物性生产两部分。植物性生产主要是自然界自发通过光合作用来实现的，植物将太阳能固定并生产有机物，这一过程称为第一性生产或初级生产。在一定时期内，植物把无机物合成为有机物或能量固定的总数量称为生产量，其中包括同一期间植物代谢所消耗的有机物或能量。总生产量减去植物消耗量的剩余量称为净生产量。在任一时间内所有生物的总数量以物质数量表示，称为生物量。在一定面积的区域内，某一时间存活的生物数量称为现存量，用生产速率表示。如地球热带雨林生态系统生产量扣除 15%~20% 植物呼吸消耗后，净生产量为 340 亿吨/年；地球农田生态系统净生产量为 91 亿吨/年。

地球上的绝大多数生物质资源都储存在森林、草场、农作物和海洋生物之中。

不同的生态系统初级生产量的分布是不均等的，它们在同一时间内生产有机物质的数量也不相同。通常淡水生态系统的初级生产量最高，生产者是藻类和水生维管植物；海洋生态系统的初级生产量最低；陆生生态系统因植被系统不同而有较大差异，如荒漠生态系统的净生产量小于 $0.5g/(d \cdot m^2)$，草原生态系统 $0.5 \sim 3.0g/(d \cdot m^2)$，落叶林或针叶林 $3 \sim 10g/(d \cdot m^2)$，农田生态系统 $10 \sim 25g/(d \cdot m^2)$。

生态系统的动物性生产是指动物采食植物或捕食其他动物之后，经消化吸收把有机物再次合成的过程，称为次级生产。次级生产服从金字塔营养规律。生态系统中的分解者虽然在分解过程中产生新的细胞或个体，也积累部分生物量，但数量极少，一般忽略不计。

光合作用的进行实际上保持了生态系统的生产与再生产的一种动态平衡。

绿色植物通过光合作用固定大气中的碳，将太阳辐射的能量转化为化学能储存起来，然后通过食物链进行转移，生物和环境之间也因物质和能量制约而达到了生态平衡。

2.1.6　人工生产与再生产

人工生产是社会再生产和自然再生产过程的结合，人类通过劳动的调节和干预，利用光、热、水和土等自然条件和生物的生理作用进行能量积累和物质转化生产活动。❶人工生产的目的是满足人类生活所需的食物和工业生产所需的原料以及创造良好的生态环境。例如，人类食用的粮食、油料、食糖、瓜果和蔬菜等都来自农业生产，随着农业生产的发展，农副产品的增多，进一步有淀粉业、制糖业、油脂业和其他食品加工业的发展；同时，人类利用野生牧草和栽培植物饲养家禽和家畜，发展了畜牧业。总之，人工生产过程是自然再生产过程和社会再生产过程密切联系、彼此交错、相互作用的统一过程，本质上是人类长期以来利用自然的产物。

2.2　农业生物质能资源的生产与再生产

农业固体废物是在农业生产过程以及农产品加工过程中产生的固体废物，来

---

❶　刘福胜，孙在林. 科学利用光热资源以发展高产高效农业［J］. 现代农业科技，2009（1）：101，103.

源广、范围大，但从不同来源固体废物数量的多少和分布范围的大小来看，最主要的来源有三个方面，即种植业、养殖业和农产品加工业。农业固体废物产生的数量巨大，对城乡环境具有重大的影响，但是，农业固体废物本身是尚未被有效利用的宝贵资源，它的合理处理与利用可为农业生产提供能量和物质投入，在农业生产内部建立起物质和能量的良性循环，有利于实现农业的可持续发展。

2.2.1　种植业固体废物的来源、类型及性质

种植业固体废物是作物生产过程中产生的固体废物，亦称为作物固体废物，主要是指作物的根、茎、叶中不易或不可利用的部分，一般统称为作物秸秆或秸秆。作物秸秆的产生具有量大和分布广泛而不均匀的特点。目前对作物秸秆的利用规模小而分散，且利用技术传统而低效。

我国是一个农业大国，农作物秸秆的种类多、分布广、数量大，仅重要的作物秸秆就有近 20 余种，年产生总量达 6 亿吨以上，但是全国秸秆产出量的分布极不均匀，农业大省如山东、四川、河南、江苏等产出量很大，而一些省份的产出量则较少，如西藏、海南、青海等。

新鲜作物秸秆含 75%～95% 的水分，收获后，作物秸秆的水分逐渐损失而减少，干物质的比重逐渐增加。作物秸秆的干物质由有机物质和矿物质两部分组成，有机物质占干物质的 95% 以上，而矿物质仅占 1%～5%。作物秸秆组成成分包括粗纤维、无氮浸出物、粗蛋白、粗脂肪和灰分等。

秸秆是一种可再生的"废弃"资源，含有大量的有机营养物质，是良好的饲料资源；同时，含有大量的有机物质和植物生长必需的所有养分，是良好的有机肥料资源，既可供应作物养分，又可培肥改良土壤。作物秸秆中的纤维素、半纤维素、粗脂肪、粗蛋白易被生物降解，但木质素难以被分解，而且常与纤维素、半纤维素等成分混杂在一起，阻碍纤维素分解菌的作用，❶因而，如何使作物秸秆中的木质纤维素得到有效分解是作物秸秆处理和利用的关键。

2.2.2　养殖业固体废物的来源、类型及性质

养殖业固体废物主要指家畜、家禽养殖行业产生的固体废物。主要包括畜禽

---

❶ 王永杰. 农村户用水压式沼气池秸秆两相厌氧发酵及出料间沼气泄漏试验研究 [D] . 武汉：华中农业大学，2012.

粪便、畜禽的羽毛、毛皮、死禽、死畜等。由于畜禽粪便的产生量大，对环境的污染危害严重。

畜禽粪便一般都没有得到有效的无害化处理而直接利用或随意丢弃，由于其含有大量的病原菌、病毒和寄生虫等，会对环境造成严重的污染。随意堆积的畜禽粪便，在分解过程中会产生有害的挥发性气体，它们大多具有刺激性和一定的毒性，可通过神经系统引起的应激反应间接危害人畜的安全。

动物粪便是动物生命活动过程中产生的排泄物，营养成分丰富，既含有大量的有机质和氮磷钾等大量元素，还含有中量、微量营养元素。此外，有机肥料中还含有机养分及活性物质，如氨基酸、核糖核酸、脱氧核糖核酸、胡敏酸、糖类以及核酸的降解产物，均可供作物直接吸收，并能刺激根系生长。动物粪便还含有大量微生物，除其本身含有养分外，能加速土壤中有机态养分的分解和循环。因此，动物粪便是非常优良的农家肥料。许多动物粪便如鸡粪还含有大量的饲料营养成分，经过适当处理加工也可以成为良好的饲料资源。

另外，新鲜的动物粪便还含有许多病原菌、病毒和寄生虫卵等，且恶臭明显；大量的有机物易于腐败，加剧恶臭的形成，直接农地利用时在施用后短期内还会造成土壤缺氧、烧根、烧苗等现象。因此，动物粪便宜作腐熟等无害化处理后再使用。

2.2.3 农副产品加工业固体废物的来源、类型及性质

食品工业是以农、牧、渔、林业产品为主要原料进行食品加工的工业，在食品加工过程中不可避免地要产生一些废物。食品加工业废物按产生的形态可分为固体废物、废水和废气；按生产工艺可分为发酵食品工业废物和非发酵食品工业废物。常见的食品加工业固体废物有白酒糟、啤酒糟、酱醋渣、各种油饼、麦款、米糠、蔗渣、甜菜粕、大米渣、豆腐渣、果皮以及各种下脚料等。在食品加工过程中，可利用的只是原料的一部分，其中有 30%~50% 的原料未被利用或在加工过程中被转化成了废物。如发酵工业生产中只利用了原料中的淀粉，其余的大量蛋白质、纤维素、脂肪以及多种有用物质都留在了废渣和废水中。制糖工业每生产 1t 食糖需消耗甜菜 9~10t，酿酒业每生产 1t 酒精需消耗粮食 3~3.3t，产生的固体废物分别是产品的 8~9 倍和 2~2.3 倍。

表 2-1 给出了我国主要农作物固废的来源、成分及资源化方向。

表 2-1　我国主要农作物固废的来源、成分及资源化方向

种类		来　源	主要成分	资源化方向
玉米秸秆		北方春播玉米区、黄淮海平原夏播玉米区、西南山地玉米区、南方丘陵玉米区、西北灌溉玉米区、青藏高原玉米区	生物化学组分包括总糖、粗脂肪、粗蛋白、粗灰分、Ca、P、中性洗涤纤维 NDF、酸性洗涤纤维 ADF 和木质素。Ca、P 元素主要分布在叶片中,其次在叶鞘中,其中叶片中 Ca、P 的质量分数分别可以达到 1.0% 和 0.1% 左右。总糖含量一般在茎皮、茎节、荟髓中最高,质量分数分别可达到约 10%、18%、15%。粗蛋白存在于叶片中,新收获玉米秸秆中粗蛋白质量分数可以达到 15% 左右	(1) 有机肥; (2) 饲料; (3) 生物燃料; (4) 药物中间体; (5) 发电; (6) 建筑材料; (7) 环保餐具
稻草秸秆	水稻秸秆	稻草是水稻的茎,一般指水稻脱粒后的秸秆	干物质含量可达 90% 以上。水稻秸秆在未经处理的情况下粗蛋白含量一般为 2% ~ 6%,无氮浸出物含量约 40%,纤维素和半纤维素含量分别约为 40% 和 20%,木质素含量约 10%	(1) 有机肥; (2) 饲料; (3) 生物燃料; (4) 药物中间体; (5) 发电; (6) 建筑材料; (7) 环保餐具
	麦秸秆	小麦脱粒后的秸秆	小麦秸秆各个部位的干物质含量有很大不同,茎秆干物质含量可达到 40% 左右,叶片、叶鞘中干物质含量为 10% ~ 20%	
棉秆		棉花产业的副产物,其产量在一般情况下可达到 5000 万吨	棉秆中蛋白质等含量低,而木质素、纤维素等含量较高,棉秆中半纤维素含量接近 20%。按质量比皮占总量的 30%,木质部分占 65%,髓占 4.5%;按体积比皮占总体积的 20.47%,木质部占 63.3%,髓占 15.95%	(1) 有机肥; (2) 生物燃料; (3) 药物中间体; (4) 发电; (5) 建筑材料
油料作物秸秆		油料作物是以榨取油脂为主要用途的一类作物这类作物主要有大豆、花生、芝麻、向日葵、棉籽、蓖麻、苏子、油用亚麻和大麻等	主要成分为木质纤维素,其中纤维素含量为 35% ~ 46%,高于其他秸秆类物质	(1) 有机肥; (2) 饲料; (3) 生物燃料; (4) 药物中间体; (5) 发电; (6) 建筑材料; (7) 环保餐具

种类	来　源	主要成分	资源化方向
马铃薯渣	马铃薯是世界各国的主要作物之一，马铃薯渣是在马铃薯淀粉生产加工过程中产生的一种副产物	主要成分为水、细胞碎片和残余淀粉颗粒。其所含的化学成分多样，包括淀粉、纤维素、半纤维素、果胶、游离氨基酸、寡肽、多肽和灰分等	(1) 有机肥； (2) 饲料； (3) 药物中间体； (4) 建筑材料； (5) 环保餐具
米糠	米糠是稻谷加工的主要副产品，我国的米糠饲料资源总量丰富	米糠由稻谷的果皮、种皮、外胚层、糊粉层、胚及少量胚乳组成。米糠干物质含量一般在 80% 以上，粗灰分占 10% 左右。粗蛋白质占 10%～15%，粗纤维占 10% 左右，粗脂肪占 15%～20%，无氮浸出物占 30%～40%	饲料
苎麻剩余物	我国的苎麻产量占全世界苎麻产量的 90% 以上，每年出产 15 万～150 万吨，通常习惯于利用苎麻整个植株 5% 左右的纤维部分来作为纺织原料，而近 95% 的苎麻副产物很少利用	纤维素含量高达 82% 以上，木质素含量低	(1) 有机肥； (2) 饲料； (3) 生物燃料； (4) 发电； (5) 建筑材料； (6) 环保餐具
剑麻屑	剑麻是当今世界用量最大、范围最广的一种硬质纤维。其世界年产量在 50 万吨以上	纤维素含量可达 60%，木质素含量约 8%	(1) 有机肥； (2) 饲料； (3) 生物燃料； (4) 发电； (5) 建筑材料； (6) 环保餐具
龙须草	年产量约 500t，在利用过程中废物产生较多	纤维素含量可达 44%，木质素含量约 12%	(1) 有机肥； (2) 饲料； (3) 生物燃料； (4) 发电； (5) 建筑材料； (6) 环保餐具
棉花废料	棉花屑、短棉绒是主要的棉花废料	棉花屑、棉绒和棉花相同，纤维素含量高，一般在 95% 以上，蜡质含量也很大，在 0.3%～1.0%	(1) 有机肥； (2) 生物燃料； (3) 发电； (4) 建筑材料； (5) 环保餐具

2.3　林业生物质能资源的生产与再生产

2.3.1　林木废弃物来源及特征

2.3.1.1　来源

按照 2009 年 6 月颁布实施的国家标准《废弃木质材料回收利用管理规范》（GB/T 22529—2008），林木废弃物（或称废弃木质材料）是指：木质材料和木制品生产全过程中产生的残留物，以及在人们生产生活中使用后作为废物或垃圾丢弃的木质材料、木制品、工程木和木纤维制品。❶主要来源于：建筑木质废料（在建筑过程中产生的废旧木模板、木胶合板模板和木脚手架等）；拆迁木质废料（在房屋本体拆迁过程中产生的门窗、梁、柱、椽、木板等木质材料）；装修木质废料（在建筑装饰装修过程中产生的木质材料）；废弃木质家具废料（废弃的木质家具或家具部件）；废弃包装木质材料（废弃的木质包装物及拆解下来的木质材料）；采伐剩余物（在森林和林木采伐过程中产生的枝框、树梢、树皮、树叶、树根及藤条、灌木等）；造材剩余物（在森林和林木采伐以及水质产品初加工过程中产生的截头、枝丫等剩余物）；工业用材林中幼龄抚育及间伐得到的木材；生态林、经济林、绿化林抚育和修整得到的木材；木材加工剩余物（在木制品加工过程中产生的板皮、板条、木竹截头、锯末、碎单板、木芯、刨花、木块、边角余料、砂光粉尘等）。可以看出，林木废弃物的形式非常复杂，有木屑、锯末、刨花、板皮、枝柜、截头、木片、木板以及废旧纸箱、纸板等。

林木废弃物按照含有化学物质的数量及种类分为五类，见表2-2。

表 2-2　林木废弃物分类

分类代码	杂质含量	限　　　制
A	没有经过处理的木质材料	不得直接用作燃料使用
B	经过施胶、涂襟、镀层处理的木材（不含有机卤化金属，不含木材防腐剂）	不得直接用作燃料使用

---

❶　司慧，常建民，高雪景，等. 北京地区废弃木质材料热裂解液化利用可行性及建议［J］. 木材加工机械，2011（2）：31-34.

分类代码	杂质含量	限　　　制
C	含有机卤化金属，不含木材防腐剂	不得进行水解、热解和液化加工
D	含有木材防腐剂以及其他杂质，不含导致癌症的有毒物质	不得进行水解、热解和液化加工
E	含导致癌症的有毒物质	不得再生利用，须按国家相关固体有害废弃物处理规定进行处置

据统计，林木废弃物甚至可以占到原木材积的 50%，可见其数量巨大。森林采伐时，原木仅占森林总量的 30% 左右，约 70% 的大量采伐剩余物留在林地中。若不合理利用，不但造成资源的浪费，而且妨碍森林的更新。在森林采伐剩余物中，约有 20% 的小径木及弯曲材、30% 的树墩与树根、20% 的枝干、20% 的树梢及 10% 的树皮。

另外，林木废弃物还应包括林副产品生产中的一些副产物，如椰子壳、核桃壳、油茶壳、杏核、桃核等。

我国每年产生约 9000 万吨的生活垃圾，其中木质材料约占 4%，即垃圾中有木材约 360 万吨。再加上其他木质废弃物，数量之大不容忽视。目前，我国已开始逐步重视和开展对废弃木质材料的应用工作。

2.3.1.2 特征

（1）森林废弃物的分散需要集中运输，增加了利用成本。

（2）森林废弃物有各种类型、大小和形状。

（3）成分复杂，难处理，难利用。由于森林垃圾中存在非木质物质，包括磁性金属碎片，如物理钉子和连接器；非磁性金属杂质，如铜和铝；塑料、漆膜、橡胶块、玻璃、混凝土块、沙子、泥土等非金属碎屑。防腐剂、黏合剂、油漆等。使用时必须考虑这些物质的存在。

2.3.2 林木废弃物的利用

2.3.2.1 复用

使用过的木制包装材料、建筑木制模板和木制脚手架应回收再利用。

2.3.2.2　素材利用

梁柱和门框等规格较大的废木材应尽可能使用其最大尺寸加工成实木地板、家具和其他实木产品。

废弃的实木地板可以再加工成地板、门板、桌子面板（桌子、椅子、桌子面板等）。

木托盘可用于生产木制家具、水质门板等，也可拆解再制造成木托盘。一些优质的包装盒材料也可以用作家具材料。

废弃的实木家具材料应优先作为家具材料进行再处理。

2.3.2.3　原料利用

（1）制造人造板。废弃木材可作为工程木材的原材料（细木工板、定向刨花板、普通刨花板、高密度纤维板、中密度纤维板和一次性模压包装），应遵循"大材大用、优材优用、综合利用"的原则。

对于废木材中较大尺寸的原木、方木、木板和柱子，它们可以作为生产细木工板的原材料回收。

（2）制造木塑复合材、菱镁制品。废木材材料可加工成木塑复合材料、菱镁矿产品、水泥工程木材（刨花板、纤维板）和石膏工程木材。

（3）制造可生物降解模压制品。将回收的废木材材料加工成细粉末，与可生物降解的黏合剂混合，在热压模具中加压生产各种可生物降解工艺产品和实用产品。

（4）制造木质无机复合材。回收的废木材加工残渣（木粉、木纤维）和造纸废料（木质素）可以与树脂和增强材料结合制成木陶瓷。

（5）木质化学加工品。A类废木质材料可水解、热解和液化，生产饲料、酒精、糖醛及其衍生物、木糖和木糖醇、乙酸、甲醛、木焦油抗聚合物、杂酚油、木焦油杂酚油、木炭、活性炭黏合剂、聚氨酯泡沫、纤维和碳纤维，以及其他工业和民用产品。

（6）造纸原料。A类和B类废木材可作为造纸原料。

（7）能源利用。A类和B类废木材不得直接用作燃料。农村和一些城市用户可以使用小规模的废木材材料作为生活燃料，而生物质能工厂和发电厂应使用其他不能用作原材料的废木材作为燃料生产上述木制品；此外，各种小而腐朽的废木材材料可以加工成木制煤球作为燃料。

C类和D类废木材只能与其他材料混合制成锅炉用工业燃料或火力发电原材料。

E类废木材在一定条件下可以燃烧。

废旧木材燃烧产生的大气污染物排放应符合GB 16297—1996的有关规定。

（8）特殊利用。E类废木材只能作为废物处理，以防止地下水和土壤等环境污染，也可以在一定条件下作为燃料燃烧。

2.4 其他废弃物

2.4.1 工业固体废物

工业固体废物是指在工业、交通等生产活动中产生的固体废物。按其行业特性又可进一步分为以下几类。

（1）矿业废物。主要是各种金属、非金属矿山开采过程中从主矿上剥离下来的各种围岩和在选矿过程中提取精矿后剩下的尾渣。

（2）冶金废物。主要是在各种金属冶炼过程中所排出的残渣，常见的有：高炉渣、钢渣、铁合金渣、铜渣、锌渣、铅渣、镍渣、铬渣、镉渣、汞渣、赤泥等。

（3）能源灰渣。在能源物质开采、加工、利用过程中排出的煤矸石、粉煤灰、烟道灰等。

（4）化工行业废物。在化学工业生产过程所产生的残渣，如硫铁矿烧渣、烧碱盐泥、纯碱盐泥、蒸馏釜残渣、废催化剂等。

（5）石油工业废物。在炼油和油品精制过程中产生的废物，如碱渣、酸渣和炼油厂产生的污水在处理过程所产生的污泥等。

（6）农产品加工业废物。在农副产品加工过程中产生的下脚料、渣滓和外壳等。

（7）其他废物。机械电子工业的金属碎屑、废旧导线、洗液等；纺织和印染工业产生的泥渣、边料；木材加工业产生的碎屑、边角下料和刨花；造纸印刷工业产生的废纸、染料等。

工业废物主要产生于采掘、冶金、煤炭、火力发电四大行业，其次是化工、石油等部门。

2.4.2　几种典型的工业有机废水

工业有机废水的物理和化学特性与废水来源、种类、加工工艺及处置方法等因素有关，现分别说明几种典型的工业有机废水。

（1）制浆造纸业废水。制浆造纸过程排放的废水中主要污染物有悬浮物。主要是纤维和纤维细料、易生物降解有机物（半纤维素、甲醇、醋酸、糖类等）、难生物降解有机物（木质素和大分子碳水化合物）、毒性物质（硫化氢、甲基硫、甲硫醚及多种氯化有机化合物）以及酸碱物质等。制浆方法不同、原料不同、制浆得率不同、造纸品种不同及有无化学品回收，则污染物的发生与排放有很大差异。

（2）制革业废水。制革业废水主要来源于浸水、脱脂及洗水；脱毛、脱灰及洗水；浸酸、铬鞣及洗水；染色加脂及洗水；以及冲洗、跑冒滴漏、轻度污染水。

制革过程中，原料皮的大部分蛋白质、油质被废弃，进入废渣和废水中，造成 COD、BOD 较高。制革混合废水呈碱性，有毒，难降解物质含量高，外观污浊，气味难闻，水质差别大，污染物浓度高，成分复杂。废水排放量大，水量随时间变化大。

（3）啤酒废水。啤酒废水主要来自麦芽生产过程中的洗麦水、浸麦水、发芽冷却喷淋水、麦罐水、洗涤水和混凝剂洗涤水；糖化过程中的糖化和过滤洗涤水；发酵过程中对发酵罐的洗涤水进行冲洗过滤；罐装过程中的瓶子清洗、杀菌和碎啤酒；冷却水和成品车间冲洗水；来自办公楼、食堂、宿舍和浴室的生活污水。

啤酒废水在不同季节的水质和水量各不相同，啤酒废水的有机物含量在流量高峰期也达到峰值。生活啤酒废水 COD 含量为 1000~2500mg/L，BOD 含量为600~1500mg/L。啤酒废水具有较高的生物降解性，并含有一定量的凯氏氮和磷。

（4）肉类加工业废水。肉类加工业废水主要来源于屠宰前饲养场排放的畜禽粪便冲洗水；含有屠宰场排放的血液和牲畜粪便的地面冲洗水；烫伤过程中排出的含有大量猪毛的高温水；解剖车间排放的含有胃肠道内容物的废水；炼油车间排放的含油废水。

肉类加工业废水含有大量血污、毛皮、碎肉、未消化的食物以及粪便等污染物，水呈红褐色并有明显的腥臭味，富含蛋白质、油脂，含盐量也较高，是一种典型的有机废水。肉类加工业废水因受淡、旺季和生产的非连续性影响，排放量变化较大。

水是生命之源，是地球上唯一不可替代的自然资源。我国人均淡水资源量只有 2150m³，仅为世界人均水平的 1/4，水源不足、水体污染和水环境生态恶化已成为制约发展的重要因素。通过清洁生产和循环、回收、再利用，以保护水资源、防治水污染、改善水环境生态是保护环境和实施可持续发展的重要内容。

2.4.3 城市生活垃圾

城市生活垃圾是指在日常生活中或者为日常生活提供服务的活动中产生的固体废物。例如，在居民生活、商业活动、市政建设与维护、机关办公等过程中产生的固体废物。依据其产生源，一般又可分为以下三类。

（1）居民生活产生的生活垃圾。主要包括炊厨废物、废纸、织物、家用什具、玻璃陶瓷碎片、废电器制品、废塑料制品、煤灰渣、废交通工具等。

（2）市政维护与管理过程产生的垃圾。包括建筑渣土、废砖瓦、碎石、混凝土碎块（板）、树叶、锅炉灰渣、污泥、淤泥等。其中我国 700 余座城市污水处理厂每年产生的污泥就已达到近 200 万吨（干物质计）。

（3）商业活动与机关产生的垃圾。主要是各种废纸、废旧的包装材料、丢弃的主副食品、废电器、废器具等。

2.4.4 危险废物

《中华人民共和国固体废物污染环境防治法》中将危险废物定义为：列入国家危险废物名录或者根据国家规定的危险废物鉴别标准和鉴别方法认定的具有危险特性的废物。●危险废物必然具有毒性（含急性毒性或浸出毒性，如含重金属等的废物）、爆炸性（如含硝酸铵、氯化铵等的废物）、易燃性（如废油和废溶剂等）、腐蚀性（如废酸和废碱等）、化学反应性（如含铬废物）、传染性（如医院临床与医药废物）、放射性等一种或几种以上的危害特性。在我国，目前已经将具有放射性的废物单独列出，列为放射性固体废物一类严加管理。

危险废物与一般废物的区别就在于其所特有的危害性。判断某废物是否是危险废物有两条途径：是否在国家所列的危险废物名单中；依据国家规定的危险废

● 张学松. 危险废物安全管理的问题与对策 [J]. 智能城市，2020（11）：87-88.

物鉴别标准和鉴别方法鉴定是否具有危险性。

　　对于危险废物的控制不仅仅是技术性问题，还涉及管理方面的问题。大多数国家都对其制定了特殊的鉴别标准、管理方法和处理处置规范。不少国家采用列表法鉴别危险废物，以便于产生单位、操作人员、环境管理者以及各有关部门掌握。

3 生物质压缩成型燃料技术

生物质成型燃料是以生物质原料为原料，在特定设备中经过干燥、破碎等预处理而成的具有一定形状和密度的固体燃料。生物质成型燃料的热值可与相同密度的中等煤相媲美，是一种高质量的煤炭替代燃料。它的许多特性都优于煤炭，例如资源丰富、可再生、含氧量高，有害气体排放量远低于煤炭，二氧化碳排放量为零。

生物质形成过程中的键合机制之一是固体桥接的形成。在压缩过程中，可以通过化学反应、烧结、黏合剂固化、熔融材料固化和溶解物质结晶形成桥接。在压缩成型过程中，压力还可以降低颗粒的熔点，使它们彼此更接近，从而增加它们之间的接触面积，使熔点达到新的平衡水平。❶

3.1 成型燃料国内外发展历程

3.1.1 国际生物质成型燃料的发展历程

在人类大规模开发利用化石燃料之前，生物质一直是人类生存和发展的主要燃料，但后来逐渐"衰落"。最根本的原因是生物质没有及时适应人类生产和生活方式的变化和发展。工业革命以来，工业化的生产方式和城市化的生活方式要求大量燃料的集中消耗，这就要求燃料具有两个基本特征：一是易于集中获取；二是它便于运输和储存。而这两个方面恰恰是生物质的"软肋"。

为了弥补生物质本身的这些固有缺陷，工业革命期间，人们开始探索使用压缩来改变生物质燃料的性能。早在 1880 年，美国人威廉·史密斯就发明了一项专利，利用蒸汽锤击将加热到 66℃ 的锯末和其他废木材加工成致密的形状块，

---

❶ 赵兴涛. 生物质成型燃料设备的模块化设计与陶瓷耐磨材料的应用 ［D］. 郑州：河南农业大学，2013.

这应该是有记录以来最早的"生物质固体成型燃料";1945 年,日本人发明了生物质螺旋挤压成型技术。但这些发明在当时未能挽救生物质能的颓势,只能归因于它们"生不逢时"。工业革命时期,人类正陶醉于化石能源带来的便捷,充分享受着由化石能源开发利用提供的舒适生活,因此,这些"不合时宜"的发明被淹没在飞速向前的历史车轮中也就不足为奇了。

　　然而,自人们进入 21 世纪以来,人类愈发清醒地认识到这种对化石能源过度依赖是不可持续的,英美两国的 14 位科学家联合在《科学》杂志上撰文,发出了"在还没有被冻僵在黑暗中之前,人类必须实现由对不可再生的碳基资源的依赖向生物基资源转变"的呼吁。目前,生物燃料的开发利用在世界许多国家被提上了重要议程,成了一个时代潮流,那么,背后的推动力是什么呢?

　　(1)人类忧患意识的增强。在支撑了人类多年的强劲发展之后,地球上的化石能源资源渐进枯竭,石油和天然气的剩余年限是很多当代人可以亲眼见证的时间长度,这迫使当代人不得不考虑 40 多年后该如何应对化石能源的枯竭。而且,当人们频繁遭受"厄尔尼诺"现象侵袭的时候,当代人真真切切体会到了"人类同住一个地球"的含义,当充斥在各种媒体上的"低碳""京都议定书""哥本哈根宣言"这些词汇冲击着人们的眼球和耳膜时,越来越多普通人开始明白了小小的 CO_2 气体分子的神通和威力。在工业化以来,短短 250 余年间人类排放了大约 1.16×10^{12} t 的 CO_2,这可能是全球大气 CO_2 浓度由 280×10^{-6} 升高到 379×10^{-6} 的最主要原因。

　　对待这一问题,人们应该学学巴菲特的态度。有位记者曾问巴菲特 CO_2 是否是导致全球气候变暖的原因,巴菲特说了这样一段话:"气候变暖看来的确是这么回事,但我不是科学家。我不能百分之百或百分之九十地肯定,但如果说气候变暖肯定不是个问题也是很愚昧的。一旦气候变暖在很大程度上越来越明显时,那时再采取措施就太晚了。我觉得我们应该在雨下来之前就做好防护准备。如果犯错误的话,也要错在和大自然站在一边。"这种忧患意识,应该是人类推动具有 CO_2 零排放特性的生物燃料发展的一个根本性的原因之一。

　　(2)能源供应方式的变革。长期以来,被大型能源企业或集团控制的集中式供能方式统治着世界各国的能源供应市场,这种被国家集团或大型企业所垄断的能源供给方式长期以来由于缺乏民主属性而广受诟病,从而催生了"分布式能源"这一新的能源供应方式的诞生。分布式能源的发展为资源具有分散性特点的生物质能的发展提供了重要机遇。

（3）能源安全观念的改变。美国、中国、印度这些能源消耗大国，由于自身化石能源资源均难以满足本国发展需求，因此，都需要依赖能源进口，而由于影响能源进口的不确定性因素太多，这些国家普遍面临着能源安全问题。[1]在这种形势下，立足于通过增强能源自给来提高本国的能源安全就成为这些能源消耗大国不约而同的选择。与化石能源分布存在着巨大的区域性差别不同，生物质对世界各国和地区而言基本上可以说是类似的，上述这些能源消耗大国都有丰富的生物质资源可供转化和利用。

上述背景下，近年来，以木屑为原料的生物质颗粒燃料在欧美等地得到了快速发展。目前，颗粒燃料的最大市场在欧美，世界十大颗粒燃料生产国分别是瑞典、加拿大、美国、德国、奥地利、芬兰、意大利、波兰、丹麦和俄罗斯。多年来，Bioenergy International 每年都发布颗粒燃料地图。近年来，颗粒燃料在瑞典得到了快速发展，目前已经成为欧洲颗粒燃料最大的生产和消费国，紧随其后的是德国和奥地利。瑞典之所以能够领跑颗粒燃料的发展，主要得益于三个因素：充足的便于利用的原料、有利于生物燃料发展的税收体系，以及广泛的区域供暖网络。

颗粒燃料之所以在欧洲得到快速发展，得益于其高森林覆盖率所能提供的丰富的原料资源，同时，另外一个不容忽视的重要原因就是欧洲对开发利用生物燃料的重视。

3.1.2 国外生物质成型燃料的发展对中国的启示

由上述内容可以看出，国际上生物质成型燃料的发展经历了漫长的历程，直到 20 世纪 80 年代全世界的市场销售量一直徘徊在 $(400 \sim 500) \times 10^4 t$，中国在 $10 \times 10^4 t$ 左右，进入 21 世纪以来，世界的生产能力达到 5000 余万吨，燃料市场销售达到 $3000 \times 10^4 t$ 左右，中国的生产能力也达到 $500 \times 10^4 t$，市场销售达到 300 余万吨。国际成型燃料发展过程对我国成型燃料的发展提供的有价值的启示主要有以下 2 个方面。

（1）影响生物质成型燃料发展过程的不是技术，而是资源和市场。当社会需求程度小时，技术只能作为储备，成不了产业发展的推动力。通过研究瑞典、德国、奥地利、美国不同的发展进程，就可以清楚地看出这一点。因此，我国的

---

[1] 朱杰. 混合调质生物质成型颗粒燃烧及热解特性研究 [D]. 徐州：中国矿业大学，2015.

企业在决定规模化发展成型燃料时，首先要了解社会的需求有多大，再者要研究有没有资源保证，能否使产品持续供给。从国家宏观层面看，支撑我国经济社会发展的主要能源在 30 年内还是煤、油和天然气，生物质能及其他可再生能源还是处在补充能源的地位，从长远看是技术储备，但是它带给人们信心和希望。目前我国的生物质资源允许消耗量是 3×10^8 t 左右，成型燃料达到 1×10^8 t 就要认真审视它与周围诸多因素的协调关系，生物质资源在分布上有很大的不平衡性，因此生物质成型燃料企业建设第一位要考虑的是资源。

除了资源量的考虑以外，还要考虑资源种类。欧美之所以大力发展以木屑为原料的燃料颗粒，与其高森林覆盖率能够提供丰富的林产加工剩余物有关。我国可用作生产成型燃料的林产加工剩余物的量很少，这不仅是因为我国森林的覆盖率比较低，可以利用的林产资源相对较少，还因为在现阶段我国林产品加工剩余物多被用于生产各类板材，能被用于生产燃料的部分亦占少数。因此，我国生物质成型燃料产业的发展主要依靠年产量在 7×10^8 t 左右的农作物秸秆，这是我国的资源现实情况。

（2）成熟的工程化技术。产业在工程化阶段的重要任务是集成单个技术再创新。研究国际上几个成型燃料技术先进的国家历程可以发现，他们在工程化阶段花费了很大的经费和时间代价，国家资助基本上都在这个阶段。因此不论哪种设备都有详细的工程化试验数据积累，每个重要部件的生产、加工和维修换件都有成熟的依据。这对我国是个很好的启示。2005—2008 年间，我国不由自主地走向了低水平扩张的道路，一个省级市一年就建了 90 多个企业，结果又一窝蜂垮台。从经济上讲他们没有考虑社会的实际需求，没有市场对象，眼里仅仅盯着的是国家补贴。从技术上讲就没有经过工程化试验阶段，在设备技术都不成熟的情况下起哄进入市场发展阶段，这是违背技术发展规律的，"低水平扩张，大起大落"与严格的工程化试验基础上的发展是水火不容的，人们应严肃对待先进国家的这一启示。

3.1.3　中国生物质燃料的发展历程和问题

根据我国生物质压块的发展特点，我国压块的研究和产业化发展可分为三个阶段。第一阶段是从 20 世纪 70 年代末到 80 年代初，在此期间引入并测试了技术；第二个阶段是从 20 世纪 80 年代中期到 20 世纪末，国家开始投资并积极开展研究；第三个阶段是 20 世纪末至今的发展阶段。

中国生物质成型燃料工业已有 20 多年的发展历史。从我国城乡能源发展的实际情况来看，我国型煤产业还存在一些亟待解决的问题。

（1）技术问题。目前，我国加工木质原料的环保成型设备从设计到制造基本采用颗粒饲料成型机技术。制造商未能根据生物质成型燃料的具体要求对设备进行实质性改进。因此，在燃料生产中使用时存在维护周期短、成本和能耗高的问题。秸秆成型燃料加工中的主要问题是成型体系和微乳液机制磨损过快，圆形机器产品加工质量不高、密度低、表面裂纹过多，运输、储存、投料过程中的机械破碎率远超行业标准；杆状燃料机构相对复杂，生产率低，能耗高。

生物质压块在应用过程中也存在炉渣沉积和腐蚀问题。秸秆中含有大量的 Cl、K、Ca、Fe、Si、Al 等成分，尤其是 Cl 和 K，其含量远高于任何固体燃料。这些元素的存在使得结渣和沉积腐蚀问题非常严重。生物质成型燃料在锅炉中燃烧时，当炉膛温度达到 780℃时，一些金属和非金属氧化物熔化并与未燃烧的燃料混合，形成结渣并阻止空气进入炉膛。这已成为生物质锅炉被迫停止运行的主要原因。

生物质灰分中的共晶钠和钾盐在大约 700℃的条件下就能气化。在 650℃左右时，这些碱金属的蒸气就开始凝结到颗粒上面，一些细尘粒也接踵而来，在锅炉系统的水冷壁和空气预热器的表面上沉积下来，造成受热面的沾污，其厚度可达 30mm 以上，严重影响传热效率。同时，由于生物质中 Cl 含量较高，锅炉受热面存在严重的 Cl 腐蚀问题，这是导致生物质燃料锅炉停机维修周期短的主要原因。

（2）产业发展不成熟。我国生物质成型燃料产业仍处于初级阶段，主要表现为无序发展，原材料和产品价格仍处于议价和交换阶段；设备没有标准，也没有技术测试和评估来衡量设备的实际状况；没有独立的标准体系；收割、运输、储存和加工的机械化程度差异很大；秸秆原料多为加工花生壳、玉米棒等农副产品的边角料，玉米秸秆等大宗秸秆资源未得到充分利用；成型燃料主要用于乡镇锅炉、茶炉和热风炉，少数农民使用；与化石燃料相比，国家在生物质燃料基础设施、人才和技术培训、科学研究以及制造设备方面的投资可以说微不足道。80%以上的生物质成型煤企业为自营企业，缺乏现代企业管理意识和抗风险能力。这些现象和问题严重制约了生物质成型燃料工业的发展。

（3）政策引导待加强。目前，国家出台的生物质成型燃料相关的政策，其引导作用还没有完全表现出来，补贴方法也不成熟，还存在不少负面反应，政策引导应进一步加强。

3.2　生物质压缩成型技术

3.2.1　生物质压缩成型原理

各种农林废弃物主要由纤维素、半纤维素和木质素组成。木质素是一种通过光合作用形成的天然聚合物,具有复杂的三维结构,属于高分子化合物的范畴。其在植物中的含量通常为15%~30%。木质素不是晶体,没有熔点,但有软化点。它在70~110℃的温度下开始软化,并具有一定的黏度;在200~300℃的温度范围内,它呈现出高黏度的熔融状态。此时,施加一定的压力增强了分子之间的内聚力,可以与纤维素和相邻颗粒紧密结合,使植物体致密均匀,体积显著减少,密度显著增加。当去除外部压力时,由于非弹性纤维分子之间的纠缠,无法恢复原来的结构和形状。冷却后,强度增加,成为成型燃料。如果植物基原料在压缩过程中被加热,则有利于降低成型过程中的挤出压力。[1]

对于木质素含量低的原料,可以在固体成型过程中加入少量的黏合剂,以保持成型燃料的给定形状。当添加黏合剂时,在原料颗粒的表面上形成吸附层,并且在颗粒之间产生重力(范德华力),在生物质颗粒之间形成链结构。这种成型方法需要较少的压力,可用的黏合剂包括黏土、淀粉、糖蜜、植物油和纸黑液。

3.2.2　生物质压缩成型工艺

生物质压缩成型工艺是对生物质原料进行破碎、回火等处理,并在高压条件下牢固成型的过程。有各种类型的生物质压缩成型工艺。根据主要工艺特点的不同,可分为三种主要形式:湿基固体成型、加热固体成型和炭化成型。

3.2.2.1　湿基固体成型工艺

该工艺适用于总水分含量高的原料。原料可以在水中浸泡几天然后挤出,也可以用水喷洒原料并用黏合剂混合均匀。通常情况下,将原材料在室温下浸泡几天会导致其潮湿、起皱和部分降解。这种方法通常用于纤维板的生产,但也可以

---

[1]　王志和. 煤木混合型煤的特性试验与研究 [D]. 南京:南京林业大学, 2006.

使用简单的杠杆和木制模具从腐烂的作物秸秆中挤出水分，并将其压缩成成型燃料。

3.2.2.2 加热固体成型工艺

加热固体成型方法目前广泛用于生物质固体成型。该工艺通常包括原料粉碎、干燥和混合、挤出成型、冷却和包装等步骤。由于成型模具的类型、粒度、总水分、成型压力、成型温度、成型方法、形状和尺寸等因素对成型工艺和产品性能有一定影响，具体生产工艺流程不同，成型机的结构和工作原理也有一定差异。目前，加热固体成型方法中使用的成型机主要包括螺旋挤压成型机、活塞成型机和辊挤压颗粒成型机。

3.2.2.3 炭化成型工艺

生物质炭化是将生物质经烘干或晒干、粉碎，然后在制炭设备中经干燥、干馏、冷却等工序，将松散的农作物秸秆等生物质制成木炭的过程。通过生物质炭化生产的木炭可称为机制木炭。生物质炭化工艺分为两大类。一是先成型后炭化，工艺流程为：固体成型燃料—干馏—气体冷凝冷却—炭化—冷却包装入库。二是先炭化后成型，工艺流程为：原料—粉碎干燥—干馏—气体冷凝冷却—炭化—冷却包装入库。

3.3　生物质固体成型燃料燃烧技术

产品生物质成型燃料具有成本低、便于储存和运输、易着火、燃烧性能好、能量密度和质量密度大、颗粒均匀、含水量稳定、热效率高等优点，与传统化石燃料相比具有良好的政策、环保和价格优势。可作为炊事、取暖燃料，也可以作为工业锅炉和电厂燃料。对生物质能源资源丰富的贫油、贫煤国家来说，生物质成型燃料是一种发展前景非常可观的替代能源。生物质成型燃料产品主要分为棒状、块状和颗粒状三大类，如图 3-1 所示。

3.3.1　生物质成型燃料的制备与工艺

国内外多年来应用的成型机主要有两类：一类是颗粒燃料成型机；另一类是棒状或块状成型机。这两类成型机生产的成型燃料的密度都可达到 $1.0g/cm^3$ 以

(a)　　　　　　　　　　　　　　(b)

(c)

图 3-1　生物质成型燃料产品

(a) 颗粒状成型燃料；(b) 块状成型燃料；(c) 棒状成型燃料

上，颗粒燃料直径为 8~12mm，密度为 $1.1~1.3g/cm^3$，不同规格的环模机是国外颗粒燃料成型机的主流机型，生产实现了自动化、规模化，产品实现了商业化，全部是木质原料，目前全球有近 $7000×10^4t$ 的颗粒燃料生产能力。燃炉配套，绝大多数用于生活取暖，热水锅炉等，少数用于小型发电。棒形或块形成型燃料主要在农场应用，原料是作物秸秆，绝大多数是大螺距、大直径挤压机，产品直径为 50~110mm，也有液压驱动活塞冲压式成型机，设备已实现收集、装料、成型、捆绑运输全套机械化，这类成型机在国外占生产能力的 15%~20%。

3.3.1.1　生物质成型燃料的制备技术比较

国内成型机目前进入市场较多的有三类。第一类是颗粒燃料成型机，我国的这类设备除进口外大多数是沿用饲料环模加工设备，应用的细长加工钻头也是进口买来的，目前生产技术没有新的突破，这类产品原料与国外无大区别，基本上是木质原料，除用于国内城市高档取暖炉外，其余大都出口。从战略上讲，出口成型燃料对中国这个能源消耗大国来说是不能提倡的，因为用国内钢铁和高品位能源生产的绿色能源，生产过程中把污染留下了，把中国同样缺少的洁净能源出口，然后再进口煤炭及其他能源，经济效益、能源效益、环境效益都是不合算的。

目前，中国 90% 以上的生物质成型燃料是利用农业生物质资源。设备大多是环模成型机（主轴是垂直设置的环模机），也有卧式环模成型机，这是第二类成型机。成型孔是双片组合式方孔（30~35）mm×（35~40）mm，成型腔长度为 8~14mm，喂入形式为辊压式，辊轮转速为 50~100r/min。这是我国的主流设备，也是中国自己创造的，具有自己独立知识产权的技术。秸秆类物质加工中磨损最快，也是难以粉碎、耗能最高的资源，加之我国加工金属细小长孔的能力不强，所以未采用秸秆类物质生产颗粒的技术路线，而创造了辊压式环模或平模成型技术。这类燃料因保型段短，每次喂入量较小，因此密度一般小于 1.0g/cm³，外观也不太好，但是实用，能耗低，为 30kW·h/t 左右。多数用于生活炊事、取暖燃炉，或热水锅炉。第三类是棒状冲压式成型机。这类设备国内外都用于鸡肝原料的加工，产品直径 50~110mm，密度大（1~1.3g/cm³），维修周期很长，2000h 左右，生产率 500kg/h 左右，单位能耗 70kW·h/t 左右。多用于壁炉取暖、4t 以上热水锅炉。

螺杆类成型机在我国主要有两种用处，一种是加工生物质碳化用的木质空心棒料，另一种是农产品加工剩余物的"熟料"资源，目前国内生产的大螺距、大直径多空螺旋挤压成型机使用与这类生物质加工，生产率 5t/h 以上。但是产品密度很低，一般为 0.3~0.5g/cm³，远低于农业行业标准，产品需要再晾干脱水。螺杆类成型机不适合加工秸秆类生物质，因为成型螺杆维修周期近 40h。基于上述情况螺杆类成型机没有列入农业行业标准。

3.3.1.2　我国生物质成型燃料技术路线的确定

中国生物质成型燃料的发展宜采用以下技术路线：机械化收集—大段粉碎—湿储存—立式环模辊压块状成型—双燃室分段燃烧—中小型锅炉、热风炉、取暖炉应用。

以作物秸秆为主要原料的块状生物质成型燃料，即断面为 30mm×30mm，直径为25~35mm的"压块"成型机是主流机型，设备形式以立式环模为主，其次是圆柱平模机型；秸秆粉碎机就以切断为主，不需揉搓；活塞冲压式成型机是适用于秸秆类原料做成型燃料的加工设备，产品密度大、外观质量较高，便于商品化经营，设备稳定连续工作性能好，粉碎多用切断式，能耗低，但其生产率不高。秸秆类原料不宜采用颗粒成型机加工。

以木质生物资源为主要原料的环模颗粒，也是我国生物质成型燃料发展的重要机型之一，适用于木质原料比较丰富、比较集中的地区。这种设备设计和工程技术方面国际上都比较成熟，但我国大型环模机械制造能力较差，国产设备大都套用饲料加工技术，成型腔表面硬度小，用于加工秸秆类成型燃料磨损太快，修复成本高，颗粒设备及产品成本也很高，消费市场受经济因素约束在国内发展不快，作为能源资源出口对国家环保、经济并无太多益处。

大棒型燃料（直径50~100mm）成型机，无论是液压驱动，还是机械驱动都是解决难于加工原料的重要设备机型。例如，高纤维棉花秆、东北高寒区玉米秆、烟秆、亚麻等。粉碎使用大段切割机，应用市场主要是工业锅炉及壁炉、暖炕等。2030年以前，我国生物质利用的主要形式是生物质成型燃料，生物质大中型沼气和生物质气化技术。而能够规模化利用固体生物秸秆原料、能投比比较高、经济上合算、适用范围广泛、技术成熟、易于产业化、便于进行市场化运作的首选是生物质成型燃料。

3.3.2　生物质成型燃料技术与装备

3.3.2.1　环模式成型机

环模式成型机，加工成型燃料的原理与其他类型成型机基本相同，其结构包括三大部分，第一部分是驱动和传动系统，主要部件由电动机、传动轴、齿轮或V带传动组成；第二部分是成型系统，主要部件是原料预处理仓、成型筒（腔）、压辊（轮）；第三部分是上料、卸料部分。其中成型系统是成型机的核心技术部分。

（1）环模辊压式成型机的种类。环模辊压式成型机按压辊的数量可分为单辊式、双辊式和多辊式三种，如图3-2所示。单辊式的特点是压辊直径可做到最大，挤压时间长，但机械结构较大，平衡性差，生产率不高，只用在小型环模式成型机上。双辊式的特点是机械结构较简单，平衡性能好，承载能力也可以。多辊式的特点是三辊之间的受力平衡性好，但占用混料仓面积大，影响进料，生产率并不高。

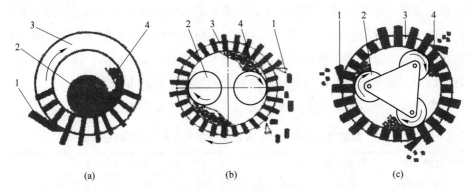

图 3-2 环模式成型机的压辊形式

（a）单辊环模成型；（b）双辊环模成型；（c）多辊环模成型

1—切刀；2—压辊；3—环模；4—生物质原料

环模成型机按环模主轴的放置方向可分为立式和卧式两种；按成型主要运行部件的运动状态可分为动辊式、动模式和模辊双动式三种，立式环模棒（块）状成型机一般为动辊式，为了减少压辊对模盘的冲击力，加装陶管的成型机也可采用动模式，卧式环模颗粒成型机多为动模式；根据环模成型孔的结构形状不同，可以压制成棒状、块状和颗粒状成型燃料。

（2）环模辊压式棒状成型机。环模辊压式棒（块）状成型机主要是由上料机构、喂料斗、压辊、环模、传动机构、电动机及机架等部分组成。图3-3所示的是立式环模棒（块）状成型机的结构，其中环模和压辊是成型机的主要工作部件。

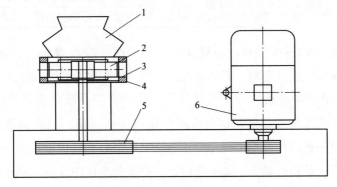

图 3-3 立式环模棒（块）状成型机构示意图

1—喂料斗；2—压辊；3—环模；4—拨料盘；5—传动机构；6—电动机

　　环模式棒（块）状组合式成型机具有结构简单、生产效率高、耗能低、设备操作简单、性价比高等优点；环模以套筒和分体模块方式组合后，套筒和模块的结构尺寸可以单体设计，分别加工，产品易于实现标准化、系列化、专业化生产。可用于各类作物秸秆、牧草、棉花秆、木屑等原料的成型加工。但是分体模块式成型机加工工序多，批量维修量大，技术要求高，成本也高。固定母环或平模盘配以成型套筒的成型机具有较好的发展前景和较强的市场竞争力。

　　环模辊压式棒（块）状成型机主要技术性能与特征参数见表 3-1。

表 3-1　环模辊压式棒（块）状成型机主要技术性能与特征参数

技术性能与特征	参考范围	说　　明
原料粒度/mm	10~30	棒状、块状成型粉碎粒度可大一些，粉碎粒度小于 10mm
原料含水率/%	15~22	含水率不宜过低，含水率低需要的成型压力大，成型率下降
产品截面最大尺寸/mm	30~45	实心棒状、块状，则生产率高；直径小于或等于 25mm 的为颗粒
产品密度/g·cm⁻³	0.8~1.1	保证成型的最低密度，密度要求高，会使成型耗能剧增
生产率/t·h⁻¹	0.5~1	成型棒块状一般生产率较高，颗粒成型则生产率较低
单位产品耗能/kW·h·t⁻¹	40~70	棒状成型耗能较低，否则成型耗能增加
压辊转速/r·min⁻¹	50~100	压辊转速不易过高，否则成型耗能增加
模辊间隙/mm	3~5	模辊间隙小，可降低耗能，颗粒成型的模辊间隙为 0.8~1.5mm
压辊使用寿命/h	300~500	采用合金材料，价格较高。加工秸秆小于 300h
环模（模孔）使用寿命/h	300~500	采用套筒时，磨损后只能更换套筒，环模基本不变，模块重点修补
成型方式	热压成型	启动时采用外部加热
动力传动方式	齿轮、V 带	因主轴转速要求较低，可采取两级减速转动
对原料的适应性	各类生物质	通过更换不同的成型组建，可对各科类生物质成型加工

　　（3）环模式颗粒成型机。环模式颗粒成型机一般由喂料室、螺旋供料器、搅拌机构、成型总成（压辊、颗粒环模、切刀等）、出料口、减速箱及电动机等部分组成，如图 3-4 所示。

　　环模辊压式颗粒成型机的传动方式与环模式棒（块）状成型机类似。二者相比，环模辊压式颗粒成型机设计时充分借鉴了颗粒饲料成型机械的原理，具有自动化程度高，单机产量大，适于规模化和产业化发展的优点。缺点是投资规模较大，成型温度主要依靠压辊与环模间的原料的摩擦热量；压辊、环模等易损件的磨损速率较快，整体式环模磨损后需整体更换，每次的维修费用相对较高；较

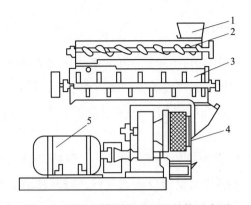

图 3-4　卧式环模颗粒成型机结构示意图

1—喂料斗；2—螺旋供料器；3—搅拌机构；4—成型组件；5—电动机

小的模孔直径对稻草、麦秸类的生物质原料成型效果较差；原料粉碎粒度通常为 1~3mm，粉碎和成型工序的耗能远大于棒（块）状成型，综合经济效益较差。

从中国成型燃料设备技术的发展状况分析，环模式颗粒成型并不是秸秆类成型燃料利用的发展方向。目前环模式颗粒成型技术的应用领域仍以颗粒饲料成型为主，颗粒成型燃料的主要加工原料是木质料以及经过处理的"熟料"。由此看来，压力、温度、颗粒大小是成型的基本要素。但这里必须说明，目前我国环模块状辊压立式环模机，适应了当前我国分布式固体生物燃料的使用和生产现状，且具有一定市场，可以满足当前生产力发展的需要。但随着成型燃料市场化、规模化、专业化的进程其问题就会逐步暴露出来。主要有以下 2 个方面。

1）滚轮喂入是靠转轮与轮环间隙构成的挤压力喂入的，压力大小与间隙大小是一对矛盾，间隙太大挤压力太小，正压力更小；间隙太小，每次喂入量太小，且容易卡死，形成停车故障。这种喂入方式导致每次喂入块之间有较大空隙，构不成分子引力，黏结剂也没起作用。

2）块型燃料环模机是饲料行业从加拿大引进的，2005 年后，改造为成型燃料成型机，2007 年以后相互模仿，多家企业生产，在国内大面积推广。但它的成型腔设计没有清晰概念，主要是长径比失调、长度太短；没有合理的成型腔结构；燃料外形尺寸不规则，粉碎率高；单体密度较低。这种状态的燃料适合于小型且炉腔管壁容易清理的燃炉，对中大型锅炉将带来较难清除的沉积腐蚀问题。成型部件磨损快、设备维修周期短是此类成型机的要害。单位生产率的设备耗材（钢材等）量太大（碳排放高）也是明显弊病。

3.3.2.2 平模式成型机

平模式成型机是利用压辊（轮）（以下简称压辊）和平模盘之间的相对运动，使处在间隙中的生物质原料连续受到辊压而紧实，相互摩擦生热而软化，从而将被压成饼状的生物质原料强制挤入平模盘模孔中，经过保型后达到松弛密度，成为可供应用的生物质成型燃料。❶

（1）平模式生物质成型机的种类。按执行部件的运动状态不同，平模式成型机可分为动辊式、动模式和模辊双动式三种，后两种用于小型平模式成型机，动辊式一般用于大型平模式成型机。

按压辊的形状不同平模式成型机又可分为直辊式和锥辊式两种。锥辊的两端与平模盘内、外圈线速率一致，压辊与平模盘间不产生错位摩擦，阻力小，耗能低，压辊与平模盘的使用寿命较长。平模式棒（块）状成型机大多采用直辊动辊式。

平模式成型机依据平模成型孔的结构形状不同也可以用来加工棒状、块状和颗粒状成型燃料。成型燃料截面最大尺寸大于 25mm 的称为棒状或块状。

（2）平模式棒（块）状成型机。平模式棒状生物质成型机主要由进料斗、压辊、平模盘、减速与传动机构、电动机及机架等部分组成，如图 3-5 所示。

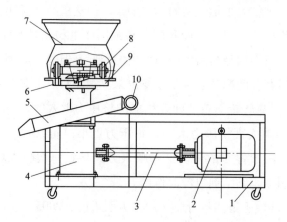

图 3-5　平模式棒（块）状成型机结构示意图
1—机架；2—电动机；3—传动轴；4—减速器；5—出料斗；6—成型套筒；
7—进料斗；8—压辊；9—平模盘；10—振动器

工作时，经切碎或粉碎后的生物质原料通过上料机构进入成型机的喂料室，

电动机通过减速机构驱动成型机主轴转动，主轴上方的压辊轴也随之低速转动。生物质原料被送入喂料室中，进入压辊与平模盘之间的间隙，在压辊的不断循环挤压下，已进入平模孔中的原料不断受到上层新进原料层的推压，进入成型段，在多种力的作用下温度升高，密度增大，几种黏结剂将被压紧的原料黏结在一起，然后进入保型段，由于该段的断面比成型段略大，因此被强力压缩产生的内应力得到松弛，温度逐步下降，黏结剂逐步凝固，合乎要求的成型燃料从模孔中被排出。达到一定长度和质量时自行脱离模孔或用切刀切断，如图 3-6 所示。

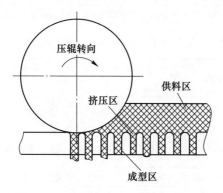

图 3-6　平模式棒（块）状成型机成型原理

目前投入市场的平模式棒（块）状成型机逐渐增多，随压辊设计转速的进一步降低，电动机的动力传递仅采用一级 V 带传动方式，在结构上显得较为庞大，提倡用传动效率高的齿轮减速传动，目前齿轮传动总成生产已标准化、专业化，传动比可以达到 20∶1 以上，润滑、连接、维修、经营都已规范化，非常适合大传动比的农业工程类设备应用。

平模式棒（块）状成型机结构简单，成本低廉，维护方便；由于喂料室的空间较大，可采用大直径压辊，加之模孔直径可设计到 35cm 左右，因此对原料的适应性较好，不用做揉搓预处理，只用切断就可以。例如，秸秆、干甜菜根、稻壳、木屑等体积粗大、纤维较长的原料都可以直接切成 10～15mm 的原料段就可投入原料辊压室。对原料水分的适应性也较强，含水率 15%～250% 的物料都可挤压成型；棒（块）状成型燃料，平模盘最好采用套筒式结构，平模盘厚度尺寸设计首先要考虑燃料质量，其次考虑多数原料适应性以及动力、生产率的要求。平模式棒（块）状成型系统主要用于解决农作物秸秆等不好加工的原料，成型孔径可以设计得大一些，控制在 35mm 左右，平模盘厚度与成型孔直径的比值要随直径的变大适当减小，盘面磨损与套筒设计要同步。

平模式棒（块）状成型机的主要技术性能与特征参数见表3-2。

表3-2　平模式棒（块）状成型机的主要技术性能与特征参数

技术性能与特征	参考范围	说　明
原料粒度/mm	10~30	棒状、块状成型粉碎粒度可大一些，粉碎粒度小于10mm
原料含水率/%	15~22	含水率不宜过低，含水率低需要的成型压力大，成型率下降
产品直径/mm	25~40	秸秆类原料适宜大直径实心棒（块）状
产品密度/g·cm⁻³	0.9~1.2	保证成型的最低密度，密度要求高，会使成型耗能剧增
生产率/t·h⁻¹	0.5~1	成型棒块状一般生产率较高，颗粒成型则生产率较低
成型率/%	>90	原料含水率合适时，成型率较高，含水率过高时，成型后易开裂
单位产品耗能 /kW·h·t⁻¹	40~70	棒状成型耗能较低，否则成型耗能增加
压辊转速/r·min⁻¹	<100	压辊转速不易过高，否则成型耗能，设计时尽可能不超过100r/min
模辊间隙/mm	0.8~3	模辊间隙越小，能耗越低
压辊使用寿命/h	300~500	采用合金材料，价格较高，可加模套
平模盘（套筒）使用寿命/h	300~500	采用衬套套筒，磨损后更换，平磨盘母体可长时间使用
成型方式	预热启动	冷启动时，需预热，也可少加料空转预热
动力传动方式	减速器	电机宜联减速驱动效率高，结构紧凑
对原料的适应性	多种生物质	通过更换不同的成型组件，可对多种类生物质成型加工

（3）平模式颗粒成型机。平模式颗粒成型机一般由喂料室、主轴、压辊、颗粒平模盘、均料板、切刀、扫料板、出料口、减速箱及电动机等部分组成，如图3-7所示。

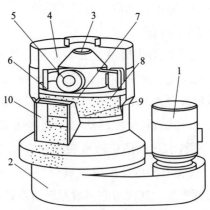

图3-7　平模式颗粒成型机结构

1—电动机；2—减速箱；3—主轴；4—喂料室；5—压辊；

6—均料板；7—颗粒平模盘；8—切刀；9—扫料板；10—出料口

平模式颗粒成型机与平模式棒（块）状成型机的结构、工作过程基本相同。

平模式颗粒成型机的传动方式与平模式棒（块）状成型机相同。具有与环模式颗粒成型机相似的技术特征，仍然存在整体式平模磨损后维修费用高、原料粉碎粒度细小、粉碎耗能高的问题，不是国内秸秆成型燃料技术发展的主流设备。

平模式颗粒成型机的主要技术性能参数与特征参考范围见表3-2。

3.3.2.3 活塞冲压式成型机

活塞冲压式成型机是利用机械装置的回转动力或液压油缸的推力，使活塞（或柱塞）做往复运动。由活塞（或柱塞）带动冲杆在成型套筒中往复移动产生冲压力使物料获得成型。活塞冲压式成型机按驱动动力不同可分为机械活塞冲压式和液压活塞冲压式两大类。

（1）机械活塞冲压式成型机。机械活塞冲压式成型机主要由喂料斗、冲杆套筒、冲杆、成型套筒（成型锥筒、保型筒、成型锥筒外套）、夹紧套、电控加热系统、曲轴连杆机构、润滑系统、飞轮、曲轴箱、机座、电动机等组成，如图3-8所示。

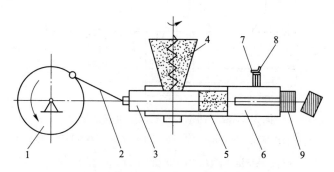

图 3-8　机械活塞冲压式成型机成型原理

1—曲轴；2—连杆；3—冲杆；4—喂料斗；5—冲杆套筒；6—成型套筒；

7—加热圈；8—夹紧套；9—成型燃料

成型机第1次启动时先对成型套筒预热 10~15min，当成型套筒温度达到140℃以上时，按下电动机启动按钮，电动机通过 V 带驱动飞轮使曲轴（或凸轮轴）转动，曲轴回转带动连杆、活塞使冲杆做往复运动。待成型机润滑油压力正常后，将粉碎后的生物质原料加入喂料斗，通过原料预压机构或靠原料自重以及冲杆下行运动时与冲杆套筒之间产生的真空吸力，将生物质吸入冲杆套筒内的预压室中。当冲杆上行运动时就可将生物质原料压入成型腔的锥筒内，在成型锥筒内壁直径逐渐缩小的变化下，生物质被挤压成棒状从保型筒中挤出成为实心棒状燃料产品。

机械活塞冲压式成型机的生产能力较大，由于存在较大的振动负荷，噪声较大，机器运行稳定性较差，润滑油污染也较严重。

（2）液压活塞冲压式成型机。液压活塞冲压式成型机是河南农业大学在机械活塞冲压式成型机的基础上研究开发的系列成型设备，采用的成型原理均为液压活塞双向成型。主要由上料输送机构、预压机构、成型部件、冷却系统、液压系统、控制系统等几大部分组成。

工作时，先对成型套筒预热 15~20min。当成型套筒温度达到 160℃时，依次按下油泵电机按钮、上料输送机构电机按钮，待整机运转正常后，通过输送机构开始上料，每一端的原料都经两级预压后依次被推入各自冲杆套筒的成型腔中，并具有一定的密度。冲杆在一个行程内的工作过程是一个连续的过程，根据物料所处的状态分为：供料区、压紧区、稳定成型区、压变区和保型区 5 个区，如图 3-9 所示。

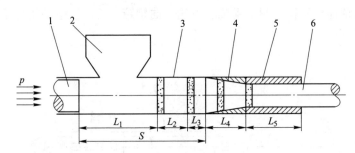

图 3-9　液压活塞冲压式成型机成型原理

L_1——一级预压长度；L_2—二级预压长度；L_3—塑性变形区长度；

L_4—成型锥筒长度；L_5—保型筒长度；p—成型压强

1—活塞冲杆；2—喂料斗；3—冲杆套筒；4—成型锥筒；5—保型筒；6—成型棒

目前的液压活塞冲压式成型机技术已经成熟，在工作中运行较平稳，油温便于控制，工作连续性较好，驱动力较大。但由于采用了液压系统作为驱动动力，生产效率较低，加工出的成型燃料棒（块）直径大，利用范围小。为解决成型燃料棒（块）直径较大不便在生活用炉中燃烧的问题，在成型腔的成型锥筒与保型筒之间可增设分块装置。通过分块后的成型燃料被切分为 2 个近似半圆形或

4个扇形截面的条块形状，解决了成型燃料棒块直径大的问题，扩大了成型燃料的利用范围。

3.3.2.4 螺旋挤压式成型机

螺旋挤压式成型机利用螺旋杆挤压生物质原料，靠外部加热，维持一定的成型温度，在螺旋杆与成型套筒间隙中使生物质原料的木质素、纤维素等软化，在不加入任何添加剂或黏结剂的条件下，使物料挤压成型。

螺旋挤压式生物质成型机主要由电动机、传动部分、进料机构、螺旋杆、成型套筒和电热控制等几部分组成，如图3-10所示，其中螺旋杆和成型套筒为主要工作部件。

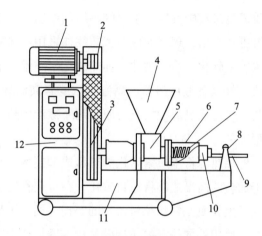

图3-10 螺旋挤压式成型机的结构

1—电机；2—防护罩；3—大带轮；4—进料斗；5—进料预压；6—电热丝；
7—螺旋杆；8—切断机；9—导向槽；10—成型套筒；11—机座；12—控制柜

3.3.3 生物质成型燃料成型工艺的选择

选择生物质成型工艺应考虑以下因素。

（1）按供热要求选择合适密度和形状的成型燃料类型。我国生物质成型燃料按标准规定分为颗粒、块状、棒状。进行成型工艺设计之前首先要确定生产的产品拟用于何种燃烧设备。例如，大型锅炉或蒸汽锅炉可选择棒状燃料，家庭取暖的高档燃炉可选木质颗粒燃料；小锅炉、热水炉、家用普通"半气化炉"可选块状燃料等。

（2）以成型机为核心，选择系统加工设备。不同成型燃料类型需要选择不同的成型机来生产。木质颗粒燃料一般用环模成型机，原料粉碎要求较高，多有揉搓工序，原料颗粒大小 1~5mm；秸秆块状燃料，目前可选用立式滚压环模块状成型机，粉碎采用切断机，不需揉搓程序，原料粉碎粒度 10~30mm；棒状成型燃料直径为 35~45mm，这类燃料外形、密度等质量指标及市场销售情况都比较好，适用于在现代工业用能设备中作为煤的替代燃料，目前国内生产的这类成型设备有机械式和液压式两种。

对不同成型机需要制订不同的生产工艺，制订工艺时主要应考虑：原料类型，原料含水率，设备是否有外加热设施，设备喂入方式，冷态启动难易程度等。

木质素在生物质成型过程中发挥了重要的黏结剂作用。在成型过程中为了让木质素的黏性表现得更加突出，现代的成型工艺往往采用加热的方法，通过给生物质原料加热来让木质素软化、产生黏性。加热软化木质素一般有两种方法：一是通过外部热源加热，可以有电加热器、高温蒸汽或者高温导热油等多种形式，也称为热压成型工艺；二是通过成型模具与原料间摩擦产生热量来加热生物质原料，又称为常温成型工艺。

热压成型工艺：外加热源将木质素软化的热压成型技术，有利于减少直接的挤压动力，同时由于加热的高温能够将原料软化，在一定程度上提高了原料颗粒的流动性，有效减少了生物质原料颗粒对模具的磨损，提高了模具寿命。研究认为，同等材料的模具，使用外加热源的成型模具比靠摩擦产生热量软化木质素的模具寿命高 10~100 倍。

常温成型工艺：该工艺并不是在真正的常温下对生物质进行成型的工艺，而是成型设备没有辅助的外部热源装置供给热量，其成型是依靠压辊和模具与原料之间的摩擦产生的热量软化木质素，从而达到黏结的效果。常温成型技术主要有环模或平模燃料成型技术、机械冲压成型技术等。

除此之外，还有一种常温成型技术与木质素的黏性无关，是在成型原料中加入具有黏结作用的添加剂，成型过程基本没有热量产生，该成型技术类似于型煤技术，原料含水率一般比较高，成型后需要晾晒，产品应用范围受限制，原料通常是糠醛渣等加工剩余物，产品用于企业本身的锅炉等，较少用于商品销售。

需要说明的是，前几年在中国成型燃料市场曾经有一种"冷成型"的说法，这没有科学根据。经证实，所谓"冷成型"只是炒作的一个概念，其实质就是颗粒燃料（平模或环模）常温成型，成型过程中由模具与原料之间摩擦产生的热量促使原料木质素升温软化起到黏结剂作用而完成成型过程，此类技术属于常温成型技术。

3.4　秸秆压缩成型技术

秸秆压缩成型技术是指在一定的温度和压力作用下，将没有一定形状的秸秆等各种先前分散的生物质干燥粉碎，然后压缩成具有一定形状和高密度的各种成型燃料的新技术。

3.4.1　秸秆固体成型的原理

秸秆固体成型燃料技术是指在一定的温度和压力下，将没有一定形状的秸秆等各种先前分散的生物质干燥粉碎，然后压缩成具有一定形状和高密度的各种成型燃料的新技术。其产品是以棒、块和颗粒形式形成的燃料，质量相当于中等烟煤，可以直接燃烧，显著改善了燃烧特性。同时具有黑烟少、火力强、燃烧充分、无飞灰、清洁卫生、污染物排放少等优点。它易于运输和储存，是一种环保的清洁生产工艺。它也是秸秆综合利用的有效途径之一，近年来受到国内外的广泛关注。

为了防止材料反弹到原来的形状，并在秸秆固体形成后保持一定的形状和强度，压缩材料中必须有适量的黏合剂。这种黏合剂可以在固体成型过程中添加，也可以归原材料所有。从秸秆等生物质的组成来看，它主要由纤维素、半纤维素、木质素、树脂、蜡等成分组成。在生物质的各种成分中，木质素通常被认为是生物体内固有的、最好的内部黏合剂。在室温下，原始木质帘线的主要部分不溶于任何有机溶剂，但木质素是非结晶的，没有熔点，只有软化点。当温度达到 $70\sim110℃$ 时，它软化，附着力开始增加。此时，外部施加一定的压力，使其紧密黏附在纤维素、半纤维绳和其他材料上，同时也与相邻的生物质颗粒结合。在被冷却和冷却后，形成的燃料的强度增加，从而以棒、块和颗粒的形式产生具有与木材类似的燃烧性能的固体生物质形成的燃料。

3.4.2　典型的工艺流程

3.4.2.1　工艺流程的选定原则

秸秆固体成型燃料的工艺流程是由原料预处理（包括干燥粉碎）、输送、成型、冷却等工序组成，各部分之间是相互制约的，它决定着成型燃料的质量和经济性。由于生产规模和产品要求不同，固体成型的工艺流程有所差异，但是选定工艺流程须遵循以下基本原则：

（1）原料进入成型机之前，必须安置高效除铁装置，以保护成型机核心工作部件。

（2）成型机前应配备原料仓，仓内安装抄板，对原料进行搅拌混合，保证喂料连续流畅。

（3）成型机最好直接安放在冷却器之上，这样，从成型机出来的易碎的热湿颗粒可以直接进入冷却器，避免颗粒破碎，省去输送装置。

（4）为使成型燃料自由落入成品仓底时免遭破坏，可在仓内安置垂直的螺旋滑槽，使其缓慢滑落。

（5）成品打包工序应放在成品仓之后，不要把打包设备直接放在成型机或分级筛之后，以免因成型机产量的变化而影响打包设备的正常工作。

3.4.2.2　颗粒固体成型燃料生产系统工艺流程

颗粒固体成型燃料系统工艺流程主要由干燥、粉碎（除尘）、气流输送、收集原料混合搅拌、螺旋输送、颗粒成型、切断、冷却、包装、入库等工序组成，如图 3-11 所示。各工序的基本功能为：

（1）干燥。利用太阳能或专门的烘干设备（如回转圆筒式干燥机）对原料进行干燥，将原料的含水率降低到 10%～15%。两次以上粉碎之间插入干燥工序，以降低能耗，增加粉碎效果。

（2）粉碎。通过粉碎机将原料粒度减小到成型所要求的粒度，并使原料尺寸均匀。

（3）气流输送。将原料由粉碎工序输送到原料仓，同时还可对原料进行风力烘干。

（4）收集与混合搅拌。将原料暂时储存在原料仓内，由于仓内安装抄板，

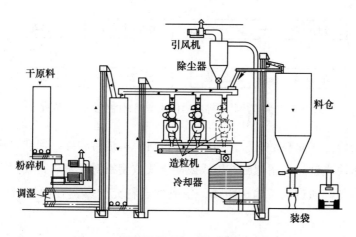

图 3-11 颗粒固体成型燃料系统工艺流程

对原料进行搅拌与混合，保证喂料顺畅，颗粒成型连续生产。

（5）螺旋输送。保证实现连续、均匀喂料。

（6）颗粒成型。原料由颗粒成型机挤出，秸秆等生物质原料被压缩成型。一般不使用添加剂。此时，木质素起到了黏合剂的作用。

（7）切断。颗粒成型机中安装有切割刀，可根据设计尺寸切割挤出的长颗粒，便于储存和运输。

（8）冷却。刚从颗粒机出来的成型颗粒的温度在75℃到85℃之间，处于这种状态的颗粒很容易破碎，不适合储存和运输。通过冷却过程，颗粒与周围的空气接触。只要大气不处于饱和状态，水就会从颗粒表面被带走。颗粒内部的水在毛细管的作用下转移到表面，水在蒸发下会与颗粒分离，从而使颗粒冷却。空气吸收的热量同时加热空气并提高其载水能力。风机不断排出空气，带走颗粒燃料的热量和水分。

（9）包装。对颗粒燃料成品进行计量，实现机器包装。

3.4.2.3 块状、棒状固体成型燃料生产系统工艺流程

块状、棒状固体成型燃料生产系统工艺流程主要包括干燥、粉碎（除尘）、输送、压块成型、冷却、包装等工序，如图3-12所示。各工序的主要功能为：

（1）干燥。原料收集后经铡草机初步切碎，自然风干，或者利用气流输送设备对原料输送的同时进行干燥，降低原料的含水率，以降低能耗，增加粉碎效果。

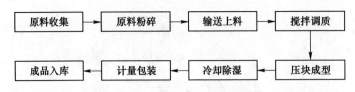

图 3-12   典型块状、棒状固体成型燃料的生产工艺流程

（2）粉碎。在原料干燥后，利用粉碎机对原料进行粉碎，匀整原料尺寸。

（3）压块成型。利用螺旋挤压式或冲压式成型机对原料进行成型。

（4）冷却。通过延长输送距离，使成型燃料充分暴露在大气当中，实现自然空冷。

（5）包装。对成型燃料进行计量并统一包装。

4 生物质直接燃烧技术

自火发明以来，人类一直在使用植物树枝、树叶和杂草等生物质作为燃料。直接燃烧是最原始、最实用的利用方式，一直延续到今天。随着社会的发展和技术的进步，生物质燃烧的设施和方法不断改进和完善，目前已达到工业规模利用的水平。

4.1 生物质燃烧原理

燃料一般是指能与氧气发生剧烈氧化反应，释放大量热量，具有经济合理性的物质。根据其形态，可分为气体燃料、液体燃料和固体燃料；根据获得的方法，它可以分为天然燃料和人工燃料。

4.1.1 生物质的化学组成

生物质固体燃料是各种可燃和不可燃无机矿物与水的混合物。其中，可燃物是各种复杂的聚合物有机化合物的混合物，主要由碳、氢、氧、氮和硫等元素组成，其中碳、氢和氧是生物质的主要成分。

4.1.1.1 碳

碳是生物质中的主要可燃元素。在燃烧过程中，它与氧气发生氧化反应。当1kg 碳完全燃烧时，它可以释放大约 34000kJ 的热量，这基本上决定了生物质的热值。生物质中的一部分碳与氢、氧和其他化合物结合形成各种有机化合物，而一部分以结晶碳的形式存在。

4.1.1.2 氢

氢是生物质中仅次于碳的可燃元素。当 1kg 氢气完全燃烧时，它可以释放约 142000kJ 的热量。生物质中含有的一部分氢与碳、硫和其他化合物结合，形成各种可燃有机化合物。当被加热时，它是热分解的，很容易被点燃燃烧。这部分氢被称为游离氢。氢的另一部分与氧化结合形成结晶水，称为结合氢。它显然不可能参与氧化反应并释放热量。

4.1.1.3　氧和氮

氧气和氮气都是不可燃的元素。在热解过程中，释放一部分氧气以满足燃烧过程的氧气需求。在正常情况下，氮不发生氧化反应，而是以自由状态排放到大气中；然而，在某些条件下（如高温），一些氮可以与氧气形成氮氧化物，污染大气环境。

4.1.1.4　硫

硫是燃料中的有害可燃元素，燃烧时会产生二氧化硫和三氧化硫气体；可能腐蚀燃烧设备的金属表面，也可能污染环境。生物质中的硫含量极低，取代煤炭等化石燃料可以减少环境污染。

4.1.1.5　灰分

灰分是燃料燃烧过程中不可燃矿物高温氧化分解形成的固体残渣，影响生物质的燃烧过程。降低生物质的灰分含量可以增加燃料的热值，从而在生物质燃烧过程中产生更高的温度释放。稻草燃烧困难的主要原因是其灰分高，接近14%。收割后，将作物秸秆放在田里一段时间。经过雨水的冲刷，部分灰烬被清除，秸秆中的氯和钾含量也降低了。这不仅减少了秸秆的运输量，而且最大限度地减少了秸秆对锅炉的磨损，减少了灰烬处理量。

4.1.1.6　水分

水分是燃料中不可燃的部分，一般分为外部水分和内部水分。外部水分是指吸附在燃料表面的水分，可以通过自然干燥的方法去除，与运输和储存条件有关；内部水分是指燃料内部吸附的水分，相对稳定。生物质的水分含量变化很大，水分的多少会影响燃烧状态。水分含量较高的生物质热值会降低，导致点火困难、燃烧温度低，阻碍燃烧反应的顺利进行。

4.1.2　生物质物理特性

生物质原料的物理特性对生物质流化床气化工艺和气化工程的设计至关重

要。生物质原料的密度、流动性、残余碳特性和灰分熔点与煤有很大差异，这会影响生物质气化工艺的设计和运行。

4.1.2.1 密度和堆积密度

密度是指每单位体积的生物质质量。测量固体颗粒材料的密度有两种方法。第一个是材料的真实密度，通常称为物质的密度。它是指需要使用专门方法测量的颗粒之间间隙的密度。第二个是堆积密度，包括颗粒之间间隙的密度，通常在自然堆积状态下测量。堆密度在固定床气化过程中更常用。它反映了每单位体积材料的质量。

事实上，生物质原料可以分为两类。一种是所谓的"硬木"，主要包括木材、木炭、棉棒等。"硬木"的堆积密度为 $200 \sim 350 kg/m^3$。另一种是所谓的"软木"，主要指农作物秸秆。秸秆的堆积密度远低于木材，如玉米秸秆堆积密度为木材的 1/4，小麦秸秆堆积密度小于木材的 1/10。一般来说，堆积密度的大小直接影响气化过程：堆积密度越高，越有利于生物质气化；相反，较小的堆积密度不利于生物质气化。

4.1.2.2 自然堆积角

自然堆积角是指自然堆积体的圆锥母线与底面之间形成的角度。自然堆积角度反映了材料的流动特性。自然堆积角较小，表明材料颗粒的滚动需要较小的坡度，并且天然材料具有良好的流动性，形成较短的锥体；自然堆积角大表明材料颗粒的滚动需要更大的坡度，而天然材料的流动性较差，导致锥体更高。自然堆积角的大小直接影响固定床气化器中生物质的形态特征。例如，如果碎木原料的自然堆积角小于或等于 45°，它们在固定床气化器中会在重力的作用下自然平稳地向下移动。碎木的下部原料消耗完后，上部自然下落补充，形成丰富均匀的反应层。然而，即使将堆放的玉米秸秆和小麦秸秆的底部清空，由于自然堆放角度的影响，顶部的小麦秸秆也不会自然掉落。此时，自然堆积角大于 90°，在固定床气化器中容易造成桥接和穿孔。

4.1.2.3 炭的机械强度

在加热生物质原料后，只有剩余的木炭留在气化器的反应层中。剩余木炭的机械强度影响反应层的结构，反应层直接支撑生物质材料颗粒形状的骨架。由诸如木材之类的硬木形成的木炭的机械强度高，并且形成的反应层的孔隙率高且均匀。此外，可燃物的挥发性成分释放后，几乎保持其原始形状。由于草炭的机械强度低，在对可燃成分进行挥发性分析后，在反应层中形成空隙，无法保持其原始形状。形成了一些不均匀的气流，细小而分散的碳颗粒降低了反应层的活性和渗透性。

4.1.2.4 灰熔点

受高温环境影响，灰烬从熔融状态形成炉渣，附着在气化炉内壁，形成难以去除的大块渣块。灰烬熔点是指灰烬开始融化的温度。影响灰熔点的因素主要取决于灰的成分。不同类型的生物质和相同类型的生物质由于其来源不同，可能具有不同的灰分熔点。由于木材的灰分含量低，对气化炉几乎没有影响。然而，当气化器是气化秸秆原料时，反应温度应控制在灰熔点以下。

综上所述，各种生物质原料的化学成分变化不大，但是它们的物理特性有较大的差别。

4.1.3 生物质燃烧及特点

最简单的热化学转化过程无非是生物质原料的直接燃烧。生物质燃料燃烧过程中的初级氧化还原可以将生物质中的化学能转化为热能、机械能或电能供人类使用。生物质燃烧时会释放出巨大的热量，产生的热气温度可达 800~1000℃。由于生物质燃料与化石燃料的不同，生物质的燃烧机理、反应速率和燃烧产物与化石燃料有显著差异。主要区别如下。

4.1.3.1 含碳量较少，含固定碳少

生物质燃料中的最高碳含量仅为约50%，而煤的最高碳浓度约为90%。生物质燃料中固定碳的含量明显低于煤炭（固定碳属于煤炭行业的概念，是指煤炭去除水分、灰分和挥发性物质后的残留物。生物质燃料也可在此处描述）。因此，生物质燃料中固定碳含量低决定了其耐火性强、需要频繁添加的特点，其热值也较低。但是，从清洁意义上讲，正是因为它在含碳量上的优势，使得每利用1万吨秸秆替代煤炭燃烧，将减少 CO_2 排放 1.4 万吨，另外，减少 SO_2 排放 40t。

4.1.3.2 含氢量稍多，挥发分明显较多

生物质燃料中的碳主要与氢结合形成低分子碳氢化合物。当加热到一定温度

时，它会分解并释放出挥发性物质。高含量的挥发性物质通常在 250~350℃ 的温度下大量释放，并开始剧烈燃烧。在缺乏足够的空气和温度的情况下，释放的挥发性物质的不完全燃烧很容易产生黑边火焰，这将增加燃料损失。因此，在炉子的设计中必须注意这一点。目前，中国北方广大农村地区仍在使用炉灶，来自北方农村地区的学生必须对秸秆直燃烹饪产生的大量烟尘有深入的了解。此外，挥发性物质燃烧殆尽后，由于灰烬包裹和空气渗透困难的影响，焦炭颗粒的燃烧速度缓慢而困难。

上述分析表明，在生物质燃料的直接燃烧过程中，快速挥发分析存在问题。高密度压缩生物质燃料由于其密集的压缩，限制了挥发性物质的逃逸率。此外，空气循环有一定的通道且相对均匀，燃烧过程相对稳定，可以改善氧气需求的波动。

4.1.3.3 密度小

生物质燃料的密度明显低于煤炭，其质地相对疏松，尤其是农作物秸秆和牲畜粪便，使得这类燃料易于点燃和燃烧，灰烬中的残余碳含量也低于燃煤。然而，低密度直接导致作为燃料的低能量密度，这需要在相同的能源生产过程中消耗更大体积的生物质燃料，意味着可能会增加燃料收集劳动力环节的工作量。

4.1.3.4 含硫量低

大部分生物质燃料含硫量少于 0.02%，减少 SO_2 排放，有利于环境保护。

由于生物质燃料从成分组成上有以上这些特点，所以在直接燃烧时，为了提高其燃烧效率，针对不同种类的生物质燃料，在空气供给、燃烧室容积和形状以及燃料添加口等方面也应作相应调整，已达燃烧最优条件，才能保证生物质燃烧设备运行的经济性和可靠性，提高生物质开发利用的效率。[1]

4.1.4 生物质燃烧的过程

要想实现生物质燃料的燃烧过程，除了要有足够的热量供给和适当的空气供应外，燃料的存在是必不可少的。这种燃烧过程是燃料和空气间的传热、传质过程。生物质中的纤维素、半纤维素和木质素是燃烧时消耗的主要成分。在燃烧过

---

[1] 王黎．新能源发电技术与应用研究［M］．北京：中国水利水电出版社，2019．

程中最早释放出挥发分物质的是纤维素和半纤维素，最后转变为碳的是木质素。生物质的直接燃烧反应是发生在碳化表面和氧化剂（氧气）之间的气固两相反应。

静态渗透式扩散燃烧是生物质燃料的燃烧机理。第一，火焰的形成，是生物质燃料在表面进行的可燃气体和氧气的放热化学反应。第二，除了表面可燃挥发物燃烧外，还会形成较长的火焰，这是由于燃料表层部分的碳处于过渡燃烧区所导致的。第三，虽然在燃料表面，还有较少的挥发分燃烧，但更主要的是燃烧会不断地向成型燃料的深层渗透。焦炭燃烧的产物为二氧化碳、一氧化碳及其他气体，这些气体在燃烧过程中不断向外扩散，而且一氧化碳在高温条件下，再加上有氧气的存在，不断地生成二氧化碳，使得燃料表层看上去是一层很薄的灰壳被火焰所包围，这就是煤炭的扩散燃烧。第四，生物质燃料在层内进行的燃烧主要是碳燃烧，即碳和氧气在高温环境下结合形成一氧化碳，在生物质表面形成比较厚的灰壳，灰层中会有微孔组织或空隙通道甚至裂缝出现，这是由于生物质的燃尽和热膨胀原因所致。第五，当可燃物基本上燃尽的时候，燃尽壳的灰层会不断加厚，若没有其他的外部因素就会形成整体的灰球，灰球颜色暗红，表面没有火焰，这就是生物质燃料的整个过程。

4.1.5　影响燃烧的主要因素

影响燃烧的因素主要有以下 7 种。●

（1）反应温度。反应温度直接影响反应速率，考虑到灰熔化的问题，应尽可能提高反应温度。

（2）空气量。燃料和空气的供应决定了燃烧反应的过程。风量不足导致燃烧反应不完全，造成燃料浪费；如果空气过多，过量的空气将带走吸收的热量，导致燃烧温度下降和燃烧稳定性下降。因此，存在一个最佳的风量范围，这确保了空气过剩系数的稳定性是确保燃烧过程稳定性的先决条件。

（3）反应时间。燃料燃烧也是一种化学反应，因此，燃烧也需要一定的时间才能完成。充足的反应时间是燃料完成燃烧反应的重要条件之一。

（4）颗粒尺寸。固体颗粒反应通常发生在它们的表面，因此燃料颗粒的表

● 田仲富，王述洋，曹有为. 生物质燃料燃烧机理及影响其燃烧的因素分析 [J]. 安徽农业科学，2014，42（2）：541-543.

面积越大，燃烧反应就越有利。颗粒尺寸越小，其比表面积就越大。因此，尽可能减小燃料颗粒尺寸对燃烧反应是有益的。

（5）水分含量。燃烧反应是放热反应，水的蒸发会强烈吸收热量。因此，对于大多数生物质燃料进行自我维持燃烧，要求燃料中的水分含量不超过65%。如果超过65%，则需要使用辅助燃料来支持燃烧。

（6）气固混合。在燃烧过程中，氧气必须扩散到颗粒表面，随着燃烧反应的进行，燃料内层的灰烬将逐渐暴露出来，并被燃尽的碳包裹。因此，搅拌是必要的，以实现良好的气固混合，从而剥离灰烬并暴露未燃烧的碳，确保充分燃烧。

（7）灰分。灰分是不可燃的，因此，燃料中的灰分含量越高，燃料的热值和燃烧温度就越低。更重要的是，在燃烧过程中，灰分会将未燃烧的燃料包裹在内层，导致燃烧速度变慢。同时，当炉子温度高时，高灰分无疑会增加熔化量。因此，如果不采取合理的措施，可能会发生燃料不完全燃烧和锅炉腐蚀。

4.1.6 生物质直接燃烧

生物质的直接燃烧和人类利用火的历史一样古老，即将生物质如木材直接送入燃烧室内燃烧，燃烧产生的能量主要用于发电或集中供热。

全球性大气污染程度进一步加剧，节能减排已成为世界各国面临的主要的能源与环境问题。将生物质成型燃料直接进行燃用是各国进行生物质高效、洁净化利用的一个有效途径。因为生物质燃料燃烧时二氧化碳的净排放量几乎为零，二氧化氮排放量大约是燃煤的20%，二氧化硫的排放量大约是燃煤的10%。生物质的利用受到一系列因素的影响，这些因素主要是生物质的形状、堆积密度等各不相同，给生物质能的运输、储存及使用带来了一系列的不便。于是对生物质成型技术的研发，便在20世纪40年代开始，通过一定的设备装置对生物质原材料进行机械加工，制成块状和颗粒状的生物质燃料。经过一系列的机械加工，生物质燃料的密度和热值大幅提高，方便了运输和储存，这些机械原料在家庭取暖、区域供热和混合发电方面发挥了重要的作用。

炉灶在我国农村已沿用了几千年，现今仍有相当大的比例。旧式柴灶热效率只有10%左右，而且严重污染环境。目前，节柴灶仍然是一些农村地区生物质能利用的重要手段。采用先进技术，提高全国数亿台小型炉具的燃烧和热利用效率，降低污染物的排放，对于改变我国农村生物质利用状况具有重大意义。

除此之外，还有锅炉燃烧技术。下面简单介绍一下按燃烧方式不同进行分类的 3 种锅炉燃烧技术，即固定床技术、流化床技术和悬浮燃烧技术。

在进行多相过程的设备中，若有固相参与且处于静止状态时，则设备内的固体颗粒物料层称为固定床。锅炉燃烧的固定床技术包括层燃和下饲式两种形式。在层燃方式中，生物质平铺在炉排上形成一定厚度的燃料层，进行干燥、挥发分析出及燃烧等过程。一次空气从下部通过燃料层经历干燥、气化和固定碳燃烧阶段，析出的挥发分与二次空气在燃料层上方混合燃烧。

流化床技术是指生物质燃料颗粒与空气在锅炉中在沸腾状态下燃烧。流化床内有大量床料，能蓄积大量热量，便于低热值燃料的快速干燥和点火，同时由于床内高温炽热颗粒的剧烈运动，强化了气固混合，使燃料表面的灰分剥落，有利于颗粒充分燃烧。

悬浮燃烧技术是指生物质燃料以粉状随同空气经燃烧器喷入锅炉炉膛，在悬浮状态下进行燃烧。该种技术适用于小颗粒燃料燃烧（一般直径在 10mm 之内），含水率不能超过 15%，燃料是在涡流作用下实现悬浮状态燃烧，挥发分与二次空气混合并燃尽。

4.2　传统炉灶及其改进

我国农村把生物质作为生活用能的主要来源，用能设施基本是灶和炕，灶用于炊事，炕用于休息和冬季取暖。虽然我国有丰富的生物质资源，可是 20 世纪 70 年代，却仍产生了不能满足用灶农村人口生活用能的现象，我们姑且称它为"柴荒"，柴荒的根源是旧式炉灶热效率低。面对这样的局面，农业部号召开展灶、炕改革运动。不久，在全国各地涌现出不同形式的省柴灶；对旧式火炕也做了各式各样的改进；接着又陆续出现了架空炕、节能地炕等，对缓解农村生活用能的紧缺状况和改善农民生活条件起到了积极推动作用。本节主要介绍一下旧式炕连灶的相关知识。

4.2.1　旧式炕连灶

在我国北方，特别是东北地区，广大农村一直沿用着旧式灶与旧式炕，灶与炕常常是相连的，称炕连灶（见图 4-1），而在西北有些地区，灶与炕是分置的。

旧式柴灶所用的燃料是农作物秸秆、薪柴、草类、干畜粪等。导致其热效率低有以下原因：一是灶膛（炊具下面的空间）小，因缺少灶箅，空气供应不充

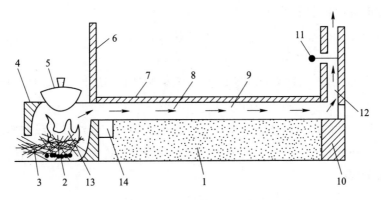

图 4-1　旧式炕连灶示意图

1—炕体；2—灰；3—秸秆；4—灶体；5—炊具；6—隔墙；7—炕面；8—烟气；
9—炕洞；10—外墙；11—烟插板；12—烟囱；13—火焰；14—落灰堂（有除灰门）

分，燃料常常不能彻底燃尽；二是灶门大，灶体保温性能差；三是炊具与燃料距离较远；四是高温烟气在灶膛内停留时间短。其热效率可按如下公式计算：

$$\eta = \frac{Q_1}{Q_2}$$

式中，η 为旧式柴灶热效率，%；Q_1 为炊事有效热量，kJ；Q_2 为燃料所具有的热能，kJ。

旧式柴灶的热效率很低，一般在 10% 左右。

4.2.2　旧式炕

旧式炕又称为"火炕"（即图 4-1 的中间部分），在我国东北地区，火炕对人们冬季取暖至关重要。砌在居室内的地面上又称为"落地炕"，对应的是"架空炕"。炕的长度与居室相当，宽度一般为 2m 左右，多为土、砖、石结构，炕洞有 4 条左右，炕洞较深，一般是 40~50cm。温度较高的烟气从柴灶喉口经炕洞流入烟囱，炕面被加热，并将热量散入室内供用户采暖。在冬季，有些百姓炊事完毕时，待烟气温度稍微降低，将烟囱用耐热物质堵上，减少热量散失，延长夜晚采暖时间。

4.2.3　炕连灶的综合热效率

容易理解的是，从炕里侧和炕面散失的热量（即采暖有效热量）及炊事吸收的有效热量的总和是炕连灶的总有效热量，它与燃料所具有的总热量之比，称为炕连灶的综合热效率。

$$\eta_1 = \frac{Q_3}{Q_2}$$

式中，η_1 为炕连灶综合热效率，%；Q_2 为燃料所具有的热量，kJ；Q_3 为总有效热量，kJ。

旧式炕连灶的综合效率，一般为 45% 左右。旧式炕连灶除了热效率低下、浪费燃料外，还常常存在一些别的毛病，如灶门燎烟，炕头过热、炕稍过凉，灶面各处温差大等。

4.2.4　旧式炕的改进

现在，北方许多地方仍沿用着旧式落地炕，不过几乎都做了改进：一是改变炕洞的形式，让烟气在炕洞中迂回流动；二是尽可能减少支撑炕面的炕洞中砖的数量。经过这样改进，从炕面向室内散发的热量比原来多，炕面上各点的温度也较均匀。

旧式炕的改进措施，是在炕洞下方设回烟道，烟囱建在屋内，用两个烟插板控制由灶出来的烟气流向。冬季时，需要炕面向室内散热时，烟气的流向如图 4-2 所示，增加烟气流动路程，期望其尽量向室内释放最大热量；夏季时，用插板阻截烟气，使其从灶出来后直接从烟囱排出。

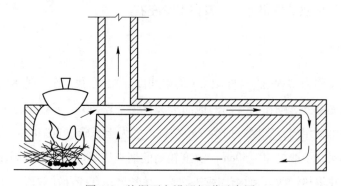

图 4-2　炕洞下方设回烟道示意图

4.3　生物质现代化燃烧技术

当生物质燃烧系统的功率大于 100kW 时，一般采用现代化的燃烧技术，适合于生物质大规模利用，主要应用于工业过程、区域供热、发电及热电联产等。此类系统一般都配备自动上料机构，而且对燃料进行预处理，以满足上料机构和不同燃烧技术的要求。

工业用生物质燃料包括木材工业的木屑和树皮、甘蔗加工中的甘蔗渣等。造纸工业是生物质能供热的最重要用户。1999 年它占经济合作与发展组织（OECD，简称经合组织）成员国生物质能源需求量的一半。

4.3.1　层燃技术

在层燃方式中，生物质平铺在炉排上形成一定厚度的燃料层，进行干燥，干馏、燃烧及还原过程。空气从下部通过燃料层为燃烧提供氧气，可燃气体与二次配风在炉排上方的空间充分混合燃烧，层燃的燃烧过程如图4-3所示。

空气通过炉排和灰渣层被预热，和炽热的木炭相遇，发生剧烈的氧化反应：

$$C + O_2 \Longequal CO_2$$
$$2C + O_2 \Longequal 2CO$$

O_2 被迅速消耗，生成了 CO_2 和一定量的 CO，而温度逐渐升高达到最大值，这一区域被称为氧化层。在氧化层以上 O_2 基本消耗完毕，烟气中的 CO_2 和木炭相遇，进行还原反应：

$$CO_2 + C \Longequal 2CO$$

烟气中 CO_2 逐渐减少，而 CO 不断增加。由于还原反应是吸热反应。温度将逐渐下降，这一区域被称为还原层。在还原层上部，温度逐渐降低，还原反应逐渐停止。再向上则分别为干馏，干燥和新燃料层。生物质被投入炉中形成新燃料层，然后加热干燥，析出挥发分，形成木炭。

图 4-3　层燃的燃烧过程

依据燃料与烟气流动的方向不同，可将层燃炉排分为三类，如图4-4所示。

（1）顺流。燃料与烟气的流动方向相同，适合于较干燥的燃料以及带空气预热器的系统。顺流的方式增加了未燃尽气体的滞留时间以及烟气与燃料层的接触面。

（2）逆流。燃料与烟气的流动方向相反，适合于含水量较多的燃料。热烟

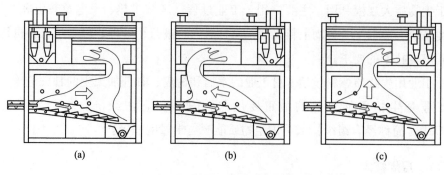

图 4-4　层燃炉排形式的分类

（a）顺流；（b）逆流；（c）叉流

气将与新进入燃烧室的燃料相接触，将热量传递给新燃料，其中水分将被迅速蒸发出来。

（3）叉流。烟气从炉膛中间流出，综合了顺流和逆流的优点。

层燃技术的种类较多，其中包括固定床、移动炉排、旋转炉排、振动炉排和下饲式等，可适于含水率较高、颗粒尺寸变化较大及灰分含量较高的生物质，具有较低投资和操作成本，一般额定功率小于 20MW。

4.3.2　流化床燃烧技术

生物质流化床燃烧技术通过对玉米芯、秸秆等生物质燃料特性进行分析、总结的基础上，对循环流化床锅炉结构加以特殊设计，开发完善了生物质流化床燃烧技术及设备。该技术使生物质维持在 750~850℃ 稳定燃烧，避免了燃料结渣现象，并且减少了 NO_2、SO_2 等有害气体的生成，具有显著的经济效益和环保效益。

4.3.2.1　技术产品性能特点

（1）热效率较高。$\eta \geqslant 83\%$；技术采用循环流化床锅炉，将生物质燃料完全焚烧，分离出的灰烬重新进入炉膛，大大提高了热交换效率。锅炉的热效率一般高于 83%，比目前燃煤中小型供热锅炉高出约 10%。这样可以有效地降低燃料消耗，降低锅炉的运行成本。

（2）运行成本低廉。它们都使用玉米棒和秸秆等生物质作为燃料，单位热值价格低于煤炭。此外，该锅炉的热效率比现有锅炉高出约 10 个百分点，使锅炉的运行成本更低。

（3）燃料适用性广。确保锅炉稳定安全运行。技术产品不仅可以使用玉米秸秆、玉米芯、小麦秸秆、稻草、锯末、杂草等生物质作为燃料，还可以全部使用煤或劣质煤作为燃料。同时，它们还可以适应煤与生物质燃料混合燃烧的情况。这样，如果出现生物质短缺的情况，也可以保证炼钢炉的连续稳定运行。

（4）对结渣问题进行了特殊处理。生物质的灰熔点比较低，一般在 930～990℃，产品的炉膛设计温度为 750～850℃，并保持炉膛温度均匀稳定，从而避免炉膛结渣。

（5）对积灰问题进行了特殊处理。根据生物质焚烧的积灰特性，该产品专门设计了尾部对流受热面和吹扫方式，采用乙炔爆燃的吹扫方式避免积灰。

流化床一般使用石英砂作为惰性颗粒（直径为 1.0mm），占床料的 90%～98%。根据气固两相流理论，当流化床中存在两种密度或粒径不同的颗粒时，床内颗粒会发生分层流化，两种颗粒沿床高形成一定的相对浓度分布。份额较小的燃料颗粒粒径较大且较轻，床面附近浓度较高，底部浓度接近零。在较低的风速下，较大的燃料颗粒也可以很好地流化。而且它不会向床的底部沉积，这已经被实验证实了。为防止炉膛温度过高造成料层结垢，破坏正常流化，料层温度一般控制在 800～900℃。属于低温燃烧。这种燃烧方式可减少 NO_x 的生成。

4.3.2.2　技术应用

（1）登海先锋种业种子烘干热源系统一期工程（8t/h）。山东登海先锋种业公司以清华大学研制的循环流化床焚烧炉为核心，采用全自动控制，以未经处理的玉米芯为燃料，生产恒温热风烘干种子。

（2）甘肃敦煌种业先锋良种有限公司种子烘干热源系统工程（20t/h）。甘肃敦煌种业先锋良种有限公司是先锋种业与上市公司甘肃敦煌种业有限公司的合资企业，采用清华大学技术建设 14MW 玉米芯循环流化床热风系统。

4.3.2.3　流化床燃烧 SO_2 的控制技术

流化床内直接固硫技术是在燃烧过程中加入脱硫剂，如石灰石（$CaCO_3$）或白云石（$CaCO_3 \cdot MgCO_3$），在生物质燃烧过程中进行固硫反应。受热分解产生的 CaO 与烟气中 SO_2，结合生成 $CaSO_4$，反应产物既可以随灰渣排掉，又可以再生重新使用。主要反应过程如下。

燃烧反应：

$$S+O_2 = SO_2$$

煅烧反应：

$$CaCO_3 = CaO+CO_2$$

固硫反应：

$$CaO+SO_2+\frac{1}{2}O_2 = CaSO_4$$

其中，固硫反应是吸热反应，其反应速度较缓慢，脱硫反应的速度决定于 CaO 的生成速度。脱硫效果通常用烟气中的 SO_2 被石灰吸收的百分比来表示，称为脱硫率。脱硫率大小的主要影响因素为 Ca/S 摩尔比、脱硫剂特性、温度、流化速度和分级燃烧等。

4.3.3　悬浮燃烧技术

在悬浮燃烧系统中，生物质（如木屑、刨花等）需要预处理，颗粒尺寸要求小于 2mm，水分含量不超过 15%。首先，将生物质粉碎成细粉末，然后将预处理过的生物质与空气混合，切向喷射到燃烧室中，在悬浮燃烧状态下形成涡流，增加了停留时间。通过采用精确的燃烧温度控制技术，悬浮燃烧系统可以在较低的过量空气条件下高效运行。分级空气分配和良好混合地使用可以减少 NO_x 的产生。

但是，由于颗粒的尺寸较小，高燃烧强度会导致炉墙表面温度较高，致使构成炉墙的耐火材料损坏速率较快。此外，悬浮燃烧系统需要辅助启动热源，当炉内温度达到规定的要求时，才能关闭辅助热源。

4.4　生物质直燃发电技术

4.4.1　概念及发电系统

与燃煤锅炉火力发电类似，生物质直接燃烧发电是由生物质锅炉利用生物质直接燃烧后的热能产生蒸汽，再利用蒸汽推动汽轮机等发电系统进行发电的一种技术。生物质直燃发电厂的流程为：原料经从发电厂一定范围内收集并运送至电站，经预处理（包括破碎、分选和压实等）存于仓库中，处理好的原料经在给料系统作用下被运送至锅炉进行燃烧，燃烧热将锅炉给水转化为蒸汽，蒸汽推动汽轮机进行发电。后处理工作包括对生物质燃烧后的灰渣处理和对烟气的处理。值得一提的是，为保证发电的连续性，仓库中的燃料储备要保证一定的天数。

4.4.2 不同种类生物质直燃发电

4.4.2.1 农林废弃物直燃发电

（1）农林废弃物的收集与供应。农林废弃物分布分散、密度小，因此收集成本问题和供应成本问题成为影响发电成本的重要因素，决定了发电厂建设不能太小，更不能太大。太小则不能实现规模效益；太大则增加农林废弃物运输距离，最终也影响效益。可见，建设合理容量的发电厂，要找到原料的"经济运输距离"分界点，在实际建设中尽量使原料收集范围符合该分界点的要求，同时，对发电厂的生物质需求量和运输车辆数做好详细的调研和准备工作。

（2）农林废弃物的预处理。针对农林废弃物水分含量变化大、能量密度低等特点，需对其进行预先处理，来改变其密度、硬度及颗粒度及一些化学特性，以满足不同燃烧系统的要求。一般预处理包括干燥、破碎、造粒等。

干燥是指利用热能等将农林废弃物中的水分蒸发排出，依据是否使用热源，将其分为自然干燥和人工干燥。自然干燥利用空气流通或太阳能将水分蒸发出来，该方法简单使用，且成本低，但易受天气条件影响；人工干燥是指利用一定的干燥设备和热源对农林废弃物进行加热干燥，该法不受天气条件影响并可大大缩短干燥时间，但成本较高，一般用于高附加值农林废弃物的干燥过程，值得注意的是，农林废弃物中含有大量的木质素，木质素在较高温度下发生软化，并具有黏性，同时，部分农林废弃物如秸秆的着火点很低，因此，人工干燥的温度要相对严格控制，一般在80℃较适宜。人工干燥技术主要有流化床干燥技术、回转圆筒干燥技术和筒仓型干燥技术。流化床干燥技术即为物料颗粒悬浮于气流之中并发生强烈的传热、传质作用，达到干燥物料的目的。该技术适合于流动性好、颗粒度不大（0.5~10mm）且密度适中的物料。回转筒干燥技术是由一个缓慢转动的倾斜的圆柱形壳体组成，物料由高端进，在筒内与干燥介质并流或逆流达到干燥目之后由低端出，该技术适用于流动性好、颗粒度为0.05~5mm的物料。筒仓型干燥技术相对前二者最大的优点就是对物料的适应性强，但干燥效率较低，物料堆积在筒仓内，由热风炉产生的热风带走物料中的水分。

农林固体废弃物常用的破碎机有颚式破碎机、冲击式破碎机、剪切式破碎机等。其中，颚式破碎机属于挤压式破碎机，其主要部件为固定颚板、可动颚板、连接于传动轴的偏心轮，两个颚板构成了物料破碎腔；冲击式破碎机，顾名思义，大多是旋转式的，利用冲击作用进行破碎，其原理为进入破碎机的物料被高速旋转的转子猛烈冲撞，此为一次破碎，冲撞后的物料高速飞向坚硬的机壁，受到二次破碎，继而物料弹回转子往复破碎，难于破碎的物料被转子和固定板剪断。而剪切式破碎机则以剪切破碎为主，安装有固定刃和可动刃，通过二者的啮合作用将固体废弃物破碎，因刀刃易受磨损，该类破碎机不宜破碎二氧化硅含量较高的物料，如稻草。

（3）储存与给料方式。燃料储存分为收集点储存和生物质电厂储存。以秸秆为例，收集点储存又分为秸秆户存和集中存储，前者是秸秆在农民自家院落周围存放，优点是减少仓储建设费用和火患，但统一管理较麻烦，思想认识不一致，在秸秆供应是可能会出现扯皮现象，影响电厂生产连续性；而后者是将秸秆收集到指定地点集中存储，与前者相反，该方式易于管理、方便连续性生产，但存在一定的安全隐患，防雨防潮麻烦等。若采用生物质电厂储存方式，燃料的储存仓容积一般要保证存放 5d 以上的燃料量，存放过程中要考虑可能散发的气味、湿度波动和自燃等问题。

原料输送一般分为气力输送、带式输送和螺旋输送。气力输送适合小颗粒原料，但消耗能量多；带式输送适合于所输送未经粉碎的原料，该方式成本低、能耗少；螺旋输送适用于输送距离相对较短且粉碎好的原料，但其输送距离受到限制，一般为 6m 左右。

（4）燃烧系统。现有的农林废弃物燃烧锅炉基本是围绕 3 种锅炉燃烧技术，即固定床燃烧技术、流化床燃烧技术和悬浮燃烧技术设计改进的。如现有的依据固定床燃烧技术设计的一体式锅炉和有预燃室锅炉，二者的差别在于燃烧室和受热面是否为一个整体，每一种锅炉都因炉排的形状或摆放位置差异而有 3 种形式：火山炉排、水平炉排和倾斜炉排。而流化床锅炉是国际上利用生物质所广泛采用的，因生物质燃烧后难以形成稳定床层、部分生物质难以流化，所以需在流化床中加入合适的床料以改善流化质量，为高水分、低热值的燃料提供优越的着火条件。床料选择要考虑以下因素：一是具有与原料相当的流化性能；二是热物性如耐磨性、硬度和密度等适于流化床燃烧使用；三是价格低廉、无毒无味、易于获得，如河沙、石英砂、大理石颗粒等就较理想。悬浮锅炉的给料系统一般配用气力输送给料装置，通过气体的流动使燃料颗粒在炉膛内部保持悬浮状态燃烧。

（5）热利用系统。该系统将燃烧系统产生的热量转化为电能，其中，核心的热功转换装置分为汽轮机、蒸汽机和斯特林机。

（6）污染物控制。农业和林业废物燃烧产生的排放可能对环境产生严重影响。直接排放到大气中的污染物是一级污染物，在阳光的作用下发生光化学反应，产生二级污染物。这些污染物主要包括烟尘、CO、NO_x 及 HCl 等。

烟尘中除粉尘颗粒外，还含有有机物、重金属或强致癌物等有毒有害物质。只有改进燃烧技术是不能完全消除烟尘的。大部分烟尘需要通过除尘器进行除尘，除尘器一般包括机械除尘、湿式除尘、过滤除尘、静电除尘和几个除尘器的组合除尘，以下简要说明：机械除尘利用质量力（包括重力、惯性力和离心力）将灰烬与烟尘分离，可分为重力沉降室、惯性除尘器和旋风除尘器，见表 4-1；湿式除尘器是利用气体与液滴或液膜紧密接触的惯性、拦截、扩散、冷凝效应等机制，将灰与烟气分离的湿式离心式除尘器、喷雾塔、泡沫除尘器和文丘里管，见表 4-2；过滤式除尘是一种通过织物或空包装层过滤和分离含尘气流的装置，主要分为布袋除尘器和颗粒层除尘器；静电除尘器工艺是在静电除尘器中对气体进行净化。该过程分为三个步骤：气体电离、灰尘充电和沉积。电除尘器效率高，能耗低，但一次性投资大。

表 4-1　机械除尘器的类型及特点设备

设　　备	重力沉降室	惯性除尘器	旋风除尘器	高效旋风除尘器
作用力	重力	惯性力	离心力	离心力
除尘效率/%	<50	50~70	60~85	80~90
最小捕捉粒径/μm	50~100	20~50	20~40	5~10
压力损失/Pa	50~130	300~800	400~800	1000~1500
气流速度/$m \cdot s^{-1}$	0.3~2	10	15~25	15~25

表 4-2　湿式除尘器的类型和性能特点设备

设　　备	湿式离心式除尘器	喷淋塔	泡沫除尘器	文丘里管
特点	将离心分离和湿式分离除尘相结合	将液体雾化成细小液滴，与气流逆向运动	气体通过筛板进入液体，形成泡沫接触除尘	利用文丘里管将液体雾化成细小颗粒
除尘效率/%	80~90	70~95	80~95	90~98
最小捕捉粒径/μm	2~5	10	2	<0.1
压力损失/Pa	500~1500	25~250	800~3000	5000~20000

燃烧过程中产生的 NO_x 主要是 NO 和 NO_2，前者无色无味，与血红蛋白的亲和力约为 CO 的 1000 倍，当其浓度较大时，会引起缺氧性中枢神经麻痹；后者是红色的有窒息性气体，对呼吸系统有强烈刺激作用，再者，在日光下 NO_2 与 O_2 发生反应形成光化学烟雾，刺激人的眼睛、鼻黏膜等，进而产生病变。人们所处的环境中氮氧化物的含量不能超过 $5mg/m^3$，否则严重的可能导致死亡。对 NO 的控制方法有两种，其一是通过燃烧控制抑制其产生，其二是通过烟气净化将其去除。

4.4.2.2　垃圾处理与焚烧发电

焚烧处理在中国起步较晚，但前景乐观。在地磅上对垃圾称重后，将其卸载到垃圾储存坑中（储存坑的体积通常需要足够堆放 3 天以上的焚烧）。垃圾在坑中发酵脱水后，由起重机送到给料机，在焚烧炉中焚烧。送风机从垃圾存放坑吸入空气，保持坑内负压，避免臭气泄漏。空气通过空气预热器后，用作锅炉的一次风和二次风。灰被送往灰处理系统，灰处理过程产生的污水和电厂内的其他污水被送往污水处理厂进行无害化处理；燃烧产生的热量和烟气通过预热锅炉回收，产生的蒸汽驱动涡轮机发电；锅炉烟气经烟气处理系统除尘、除酸后排入大气；除尘设备收集的飞灰和灰烬在工厂外进行处理。

上述过程大多类似于农林废弃物直接燃烧发电，但由于废弃物成分复杂，一开始有许多垃圾分类过程，这些过程合理有效。常见的垃圾分选方法包括重力分选、筛分、磁选等，其中重力分选是基于固体废物中不同物质颗粒的密度差异和重力。介质力和其他机械力之间的差异是颗粒群松散分层和迁移的分离过程，导致具有不同密度的产物的分离；筛分是利用垃圾粒径差异的过程，包括固体颗粒在具有一定网目的筛子上移动，根据不同的粒径分离不同的物质；磁选是利用垃圾中各种物质的磁差，在不均匀的磁场中进行分选的一种处理方法。主要用于从垃圾中分离回收罐头、铁屑等含铁物质。

4.4.3　生物质直燃发电技术应用现状

生物质直接燃烧发电是将生物质在锅炉中直接燃烧，生产蒸汽带动蒸汽轮机及发电机发电。生物质直接燃烧发电的关键技术包括生物质原料预处理、锅炉防腐、锅炉的原料适用性及燃料效率、蒸汽轮机效率等技术。直接燃烧发电技术是目前世界范围内总体上技术最成熟、发展规模最大的现代生物质能利用技术，主要应用于大农场或大型加工厂等生物质资源集中区域的废物处理利用，从而获得较高的生物质燃烧和发电系统能源利用效率。

4.4.3.1 产业发展现状

目前，生物质直接燃烧发电在欧美的应用最为成熟，直燃发电已经成为在大型农场或农业非常集中的地区大规模处理利用农业废弃物的主要方式。丹麦1988年建成世界上第一座秸秆燃烧发电厂，迄今在这一领域仍保持着世界最高水平，全国已建有130多家秸秆发电厂。城市生活垃圾（MSW）燃烧发电是生物质直接燃烧发电的一种重要利用领域，自20世纪70年代以来在发达国家得到较快发展，目前以欧美、日本等发达国家最具代表性。美国和日本的垃圾焚烧发电占总垃圾处理量的40%和75%以上，欧洲许多国家的焚烧比例也都接近或超过填埋比例。

我国生物质发电技术的研发和应用起步较晚、应用规模不大，但近年来在《可再生能源法》和优惠价格政策的激励下，我国生物质能发电技术产业已呈现全面加速发展态势。2005年以前，我国生物质发电总装机容量约200万千瓦，主要是农业加工项目产生的现有集中废弃物的资源利用项目。其中，以蔗渣发电为主，总装机量约为1.7GW，其余是碾米厂稻壳气化发电。2006年，我国相关法规规定，新建生物质发电项目在15年内享受0.25元/（kW·h）的价格补贴，2010年，国家发展改革委发布通知，出台全国统一的农林生物质发电标杆上网电价标准，规定其未采用招标的标杆上网电价为含税0.75元/（kW·h）。[❶]近几年，我国生物质发电产业发展迅速，产业中应用的主要是生物质直燃发电技术，直燃发电中多数引进丹麦水冷振动炉排秸秆直燃技术，设备价格昂贵，阻碍直燃发电技术的推广，少数采用气化发电技术。

4.4.3.2 工程实例

（1）英国生物质发电。英国拥有世界上规模最大、效率最高的秸秆燃烧的伊利发电厂位于英格兰东部，容量38MW，每年消耗从半径80km的范围内收集来的40万包秸秆，可为当地8万个家庭供电。还有欧洲最大的，位于英格兰东部诺福克的一座38.5MW的养殖家禽的废弃物发电厂，不仅能够为一个城镇的

---

❶ 金亮. 农林生物质气化炉开发及试验研究［D］. 杭州：浙江大学，2011.

9.3 万个家庭提供电力，还为当地家禽产业每年 40 万吨的废弃物找到了出路。后来英国又建设了一座规模最大的以木材混合物为燃料的 44MW 生物质发电厂，位于苏格兰洛克比史蒂文斯克罗福特。洛克比发电厂最初的燃料是森林残留物、树枝以及锯木厂的边角料，每年消耗 47.5 万吨可再生木材，其中包括 9.5 万吨短轮伐期灌木林。

（2）河北晋州秸秆燃烧发电。河北晋州秸秆发电项目是我国第一个秸秆燃烧发电项目，规模为 2×12MW 抽汽凝式供热机组配 2×75t/h 秸秆直燃炉，总投资 2.59 亿元人民币。年消耗秸秆 17.6 万吨，年发电量 1.32 亿千瓦·时，上网电价按 0.595 元/（kW·h）计算，年收益 7854 万元。年供热量 529920GJ，可满足 100 万平方米建筑物的采暖供热，供热价格按 4.6 元/m^2 计算，年收益 460 万元。年减排量 178626tCO_2 当量，计入期 3×7 = 21 年。CERs 价格 6 欧元/tCO_2 当量，年 CERs 收益 107.2 万欧元，折合人民币 1072 万元。投资回收期约 3 年。与同等规模烧煤的火电厂相比，一年可节约标准煤 6 万吨，减少二氧化硫排放量 600t，烟尘排放量 400t。该厂采用 2 台无锡华光锅炉厂的 UG75/3.82-J 锅炉。燃料以玉米秸秆、麦秸等为主，工作情况较稳定，但实际热效率低于设计值。燃料采用打包的形式收购，半封闭储存。

（3）山东枣庄华电国际十里泉发电厂秸秆-煤直接混合燃烧发电。位于山东枣庄的华电国际十里泉发电厂引进丹麦 BWE 公司的秸秆发电技术，静态投资 8357 万元，发电机组容量 140MW，燃料为煤粉/木屑混燃，混燃比例 18.5%（热容量比），进料方式为秸秆与煤分别喷入炉内后混合燃烧。项目于 2005 年 5 月对其 5 号燃煤发电机组（140MW 机组，锅炉 400t/h）进行秸秆-煤粉混合燃烧技术改造，增加了一套秸秆收购、储存、粉碎、输送设备，同时增加 2 台输入热负荷为 30MW 的秸秆专用燃烧器，并对供风系统及相关控制系统进行改造。于 2005 年 12 月 16 日投产运行，秸秆燃烧输入功率为 60MW，占锅炉热容量的 18.5%，秸秆耗用量为 14.4t/h，可以替代原煤 10.4t/h。机组每年可燃用 10.5 万吨秸秆，相当于替代 7.56 万吨原煤（20930kJ/kg）。该项目是我国第一台秸秆煤粉混合燃烧发电项目，对在我国推广生物质混合燃烧发电技术具有良好的示范作用。

5 生物质气化技术

生物质气化是以生物质为原料，氧气（空气、富氧或纯氧）、水蒸气或氢气为气化剂（或气化介质），在高温下通过热化学反应将生物质的可燃部分转化为可燃气体的过程。生物质气化技术的首次商业应用可以追溯到 1833 年，当时木炭被用作原料，通过气化器生产可燃气体，并驱动内燃机用于早期的汽车和农业灌溉机械。第二次世界大战期间，生物质气化技术的应用达到了顶峰。当时，大约有一百万辆以木材或木炭为动力的汽车在世界各地行驶。

5.1 生物质热化学气化

5.1.1 生物质热化学气化基本原理

生物质气化包括热解、燃烧和还原反应。在以空气为气化介质的气化器中，总的反应式可写作：[1]

$$CH_{1.4}O_{0.6} + 0.4O_2 + (1.5N_2) = 0.7CO + 0.3CO_2 + 0.6H_2 + 0.1H_2O + (1.5N_2)$$

式中，$CH_{1.4}O_{0.6}$ 代表生物质的分子式，以空气为气化介质意味着同时加入氧气和氮气。氮气不参加反应，反应后留在燃气中稀释了可燃成分，以空气为气化介质的气化只能得到低热值的燃气，热值一般在 $5\sim6MJ/m^3$。

5.1.1.1 主要气化反应

气化过程的一些主要反应及各反应的平衡常数列于表 5-1 中。

5.1.1.2 气化过程

（1）热分解过程。原料进入气化器后，首先进行加热和干燥。当温度升至

---

[1] 高文学. 生物质流化床气化制氢大型试验系统设计与运行 [D]. 天津：天津大学, 2006.

表 5-1　气化过程的主要反应及各反应的平衡常数

序号	反应式	反应温度/℃			
		700	900	1200	1500
1	$C+O_2=CO_2$	29.50	22.97	17.24	13.80
2	$2C+O_2=2CO$	25.89	22.21	16.96	16.97
3	$2CO+O_2=2CO_2$	33.11	23.72	15.52	10.63
4	$2H_2+O_2=2H_2O$	31.17	23.00	15.80	11.45
5	$C+CO_2=2CO$	-3.61	-0.75	1.72	3.17
6	$C+H_2O=CO+H_2$	-2.64	-0.39	1.58	2.76
7	$C+2H_2O=CO_2+2H_2$	-1.67	-0.03	1.44	2.35
8	$CO_2+H_2=CO+H_2O$	-0.97	-0.36	0.14	0.41
9	$C+2H_2=CH_4$	0.94	-0.50	-1.81	-2.61

250℃时，热解反应开始。热解是一个吸热过程，但由于生物质原料中的氧气较多，当温度上升到一定程度时，氧气会参与反应，使温度迅速上升，从而加速热解的完成。随着温度和加热速率等工艺条件的不同，反应产物和产率变化很大。例如，缓慢裂化可产生 40%~50% 的木炭，这是一种典型的木炭生产工艺；快速热解（500K/s）可以将 70% 的生物质转化为蒸汽，冷却后得到热解油，这是目前国际上备受关注的新能源产品。生物质气化过程的目的是获得可燃气体，无需过度考虑这些中间反应过程。然而，热解反应中产生的焦油会影响气体的使用，需要加以抑制并从气体中去除。❶

（2）燃烧过程。后述的热解反应和还原反应都是吸热反应。为了保持这些吸热反应，必须提供足够的热量。最简单的方法是向反应层供应空气并通过燃烧获得热量。所涉及的主要燃烧反应是碳和空气：

$$C + O_2 === CO_2$$

$$2C + O_2 === 2CO$$

$$2CO + O_2 === 2CO_2$$

$$2H_2 + O_2 === 2H_2O$$

（3）在还原过程中，还原层位于氧化物层的后面。燃烧产生的水蒸气和二氧化碳与碳反应生成氢气和一氧化碳，从而完成固体生物质原料向气体燃料的转化。主要反应有：

---

❶ 刘建坤. 固定床生物质富氧气化行为研究 [D]. 沈阳：沈阳航空工业学院，2009.

$$C + H_2O \xlongequal{} CO + H_2$$

$$C + CO_2 \xlongequal{} 2CO$$

$$C + 2H_2 \xlongequal{} CH_4$$

还原反应为吸热反应，温度越高，反应越强烈；当温度低于600℃时，反应已经相当缓慢。在燃烧科学中，人们对焦炭的还原反应进行了深入的研究，但由于生物质物理性质的变化，没有很好的计算方法。目前，气化炉还原层的高度主要取决于经验选择。一些研究人员指出，还原层的高度大约是氧化层的6~8倍。

5.1.2 热化学气化反应动力学

生物质气化反应两个过程的反应速率比较见表5-2。

表5-2 生物质气化反应两个过程的反应速率比较

温度/℃	反应速率/mg·s⁻¹·cm⁻²	热分解	炭-水蒸气气化	炭的燃烧
700	反应速率	3.17	0.0393	0.937
	速率比	80.7	1	23.8
800	反应速率	4.117	0.103	1.063
	速率比	38.1	1	9.84
900	反应速率	5.893	0.194	1.141
	速率比	30.4	1	5.9

5.1.2.1 热分解过程机理及动力学表达式

分解过程是指生物质在厌氧条件下加热分解形成气体、焦油和木炭等产物的过程。温度对热解气体产率和热解产物含量（质量分数）的影响分别如图5-1和图5-2所示。温度是影响热分解效果的最重要的参数。随着温度的升高，气体增加，而焦油和碳减少。因此，提高反应温度有利于热分解过程。

热分解过程包含许多复杂的反应，机理的确定是从产物之间的关系着手的。如图5-3所示，温度低于250℃时的主要产物是 CO_2、CO、H_2O 及焦炭；温度升至400℃以上时，发生更多的反应，生成 CO_2、CO、H_2O、H_2、CH_4、焦炭及焦油等；温度继续升至700℃以上并有足够的停留时间时，出现二次反应，即焦油裂解为氢、轻烃及炭等产物。❶

---

❶ 苏琼. 生物质微米燃料催化气化实验研究［D］. 武汉：华中科技大学，2006.

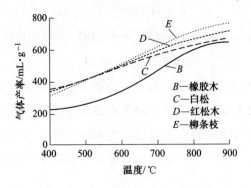

图 5-1　温度对热解气体产率的影响

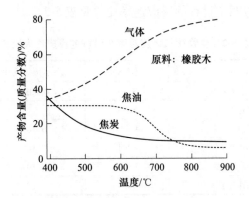

图 5-2　温度对热解产物含量的影响

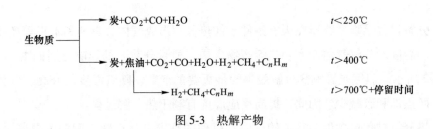

图 5-3　热解产物

5.1.2.2　还原过程中的主要化学反应速率

　　还原过程中的主要化学反应（见表 5-1）是可逆的，增加温度与减少压力有利于反应向右进行。水蒸气与红热的炭反应是吸热反应，增加温度都有利于水蒸气还原反应的进行，但生成 CO 或 CO_2 的反应平衡常数是不同的。温度低于700℃时，有利于生成 CO_2 的反应进行；温度越高，则越有利于生成 CO 的反应进行。此外，温度低于 700℃ 时，水蒸气与炭的反应速率极为缓慢，当低至 400℃ 时，几乎没有反应发生；从 800℃ 开始反应速率才有明显增加。[●]

反应速率随着温度的 e 指数关系升高，用数学方法拟合，得出水蒸气炭反应的速率 γ 与反应温度 t 的关系式：

$$\gamma = Ae^{Bt}$$

式中，$A = 2.695 \times 10^{-4}$；$B = 7.234 \times 10^{-3}$。

5.1.2.3 焦炭的燃烧过程及其二次反应速率

生物质炭的燃烧速率受燃烧温度控制，在不同温度下的燃烧速率如图 5-4 所示。炭的燃烧速率又受到氧通过灰层的扩散速率控制，细颗粒的燃烧速率比大颗粒快得多。随着颗粒的减小，燃烧速率按对数曲线递增。

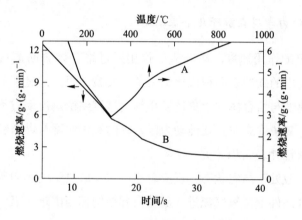

图 5-4 炭的燃烧速率

A—不同温度下的燃烧速率曲线；B—不同时间下的燃烧速率曲线

温度与停留时间是决定二次反应程度的主要因素。热分解过程的初始产物挥发组分在 700℃ 下的停留时间对不凝气体产率的影响如图 5-5 所示。

气体产量与气相停留时间呈指数关系，拟合成关系式为：

$$V = V_0 + V^* {}^{(1-e^{-Kt})}$$

式中，t 为停留时间，s；$V_0 = 260\text{mL/g}$；$V^* = 270\text{mL/g}$；$K = 0.2927$。

● 胡孔元. 内燃加热式生物质气化炉研制 [D]. 合肥：合肥工业大学，2009.

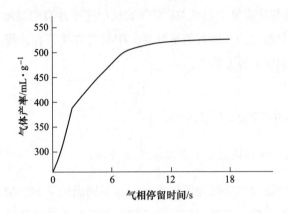

图 5-5　气体产率与气相在二次反应停留时间的关系

5.1.2.4　动力学观点解释几个基本反应

（1）碳与氧的作用速度。碳与氧的作用通过络合体表面进行。氧的消耗速度与络合体游离出的碳的表面积成比例关系。实验证明，经过某一时间后，中间络合体的生成速度与络合体的游离速度相等，过渡到稳定流动过程，这时，碳的氧化反应级数与氧浓度有关。在纯动力区，碳的氧化速度与燃料粒子的质量成比例关系，而与碳粒外表面积无关。

氧化反应一般处于高温状态，反应总速度主要取决于气体向碳表面的扩散速度。因为在这种条件下，氧气流进入碳粒内部结构相当困难，氧气主要消耗于碳粒外表面的缝隙和气体可以进入的细孔表面。

碳与氧的化学反应速率极为迅捷，可以认为反应时在碳粒表面附近的氧浓度很低，故过程的一氧化碳的急剧氧化具有二级反应的特征。生成的二氧化碳的还原反应是吸热反应，故还原阶段的温度将下降。在固定床气化中，表现为氧化区与还原区的温度差；在液态化气化中，由于有氧化反应放出的热量及时补充，温差要小得多。应当指出，在工业化气化装置中，任何温度下的二氧化碳的还原反应均在碳粒内部细孔表面上进行。

（2）二氧化碳还原过程的速度。一般气化装置中，氧化反应生成的二氧化碳是还原为一氧化碳的重要反应物来源，参与此反应的气体中只含有微量的氧。首先是二氧化碳与碳粒表面接触并为碳吸收生成中间络合体，而后经还原反应释放出一氧化碳。其反应则由零级过渡到一级反应，总反应速率遵守阿累尼乌斯方程式。[1]

（3）水蒸气分解速度。在纯动力学区，水蒸气的分解反应在碳的周围空间进行，和水蒸气进行反应的炭粒的反应面积与炭粒的质量或体积成比例关系。

5.1.3　气化过程影响因素

（1）当量比，它是气化过程中的一个重要影响因素，指的是自热气化系统中生物质气化所消耗的空气（氧气）量与完全燃烧所需的理论空气（氧）量的比率。

（2）气体产率，指单位质量的原料气化后所产生的气体燃料在标态下的体积。[2]

（3）气体热值，指单位体积（标准状况）气体燃料所包含的化学能。气体燃料的低位热值 $Q_v(kJ/Nm^2)$ 简化计算公式为：

$$Q_v = 126CO + 108H_2 + 359CH_4 + 665C_nH_m$$

式中，CO、H_2、CH_4 为气体燃料中各组分的体积分数,%；C_nH_m 为烃类化合物 C_2、C_3 等的总和。

（4）气化效率，指生物质气化后生成气体的总热量与气化原料的总热量之比（%）。[3]

$$气化效率 = \frac{气体热值(kJ/Nm^3) \times 气体产率(Nm^3/kg)}{原料热值(kJ/kg)}$$

（5）碳转换率，指生物质燃料中的碳转换为气体燃料中的碳的份额，即气体中的含碳量与原料中的含碳量之比（%）。[1]

$$碳转换率 = \frac{12(CO_2\% + CO\% + CH_4\% + 2.5C_nH_m\%)}{22.4 \times (298/273)C\%}G_v$$

式中，G_v 为气体产率。

[1]　马承荣. 生物质粉体催化气化的实验研究［D］. 武汉：华中科技大学，2006.

[2]　宋旭. 生物质与煤共气化机理试验研究［D］. 镇江：江苏大学，2008.

[3]　汪德成，金保昇，金朝阳，等. 松木屑与废橡胶化学链共气化特性试验［J］. 化工进展，2020，39（3）：956-965.

[1]　安璐，董长青，杨勇平. 黑液气化的热力学平衡模型分析［J］. 可再生能源，2007，25（6）：21-24.

（6）生产强度指单位时间单位反应炉截面积的原料处理能力 $[kg/(m^2 \cdot h)]$。

$$生产强度 = \frac{单位时间原料处理量(kg/h)}{反应炉总截面积(m^2)}$$

5.2　生物质气化设备

生物质气化反应发生在气化炉中，是气化反应的主要设备。在气化炉中，生物质完成了气化反应过程转化为生物质燃气。针对其运行方式的不同，可将生物质气化炉分为固定床气化炉和流化床气化炉，而固定床气化炉和流化床气化炉又分别具有多种不同的形式，如图5-6所示。❶

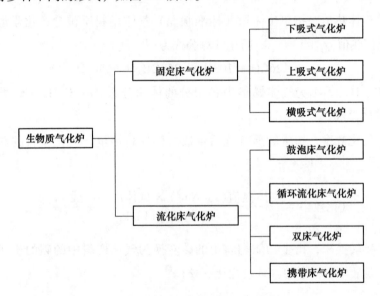

图 5-6　生物质气化炉的分类

5.2.1　固定床气化炉

5.2.1.1　上吸式固定床气化炉

上吸式固定床气化炉的工作过程如图 5-7 所示，生物质原料从气化炉顶部加入，而后由于重力作用逐渐由顶部下移至底部，灰渣从底部排出。气化剂（空

---

❶ 罗伟. 生物质气化炉智能控制系统的设计［J］. 电气开关，2015，53（2）：27-30.

气）从气化炉下部进入，由于燃气出口侧引风机作用，向上经过氧化、还原、热分解、干燥层，从燃气出口排出。因为生物质原料移动方向与气体流动方向相反，所以上吸式固定床气化也称为逆流式气化。

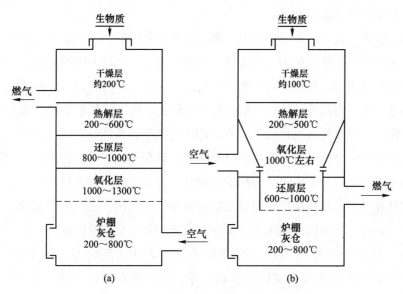

图 5-7 上吸式固定床气化炉原理示意图

(a) 上吸式；(b) 下吸式

固定床上吸式气化炉有两种进气方式。一种是在气化机组上游安装风机，将气化剂（空气等）吹进气化炉，此方式气化炉内的工作环境为微正压。另一种方式是在气化机组下游安装罗茨风机或真空泵，将空气吸进气化炉，此方式气化炉内的工作环境为微负压。这两种方式都可以通过改变风机风量来改变气化炉气化剂的供氧量。但为防止生物燃气由生物质原料进料口向外泄漏，必须采用专门的加料措施才可实现连续加料（如螺旋给料器），或将炉膛上部设计较大，能储存一段时间的气化用料，运行时进料口密闭，待炉内生物质原料消耗完毕再停炉进料。这两种方式的不同之处在于炉膛底部的出灰，前者需要增加专门的装置才可连续出灰，而后者则不需要专门装置即可连续出灰。❶

上吸式气化炉的主要特点是生物燃气经过热分解层和干燥层时直接与生物质原料接触，这样可将其携带的热量直接传递给物料，使物料吸热干燥、热分解，

---

❶ 刘建坤. 固定床生物质富氧气化行为研究 [D]. 沈阳：沈阳航空工业学院，2009.

与此同时降低了产出生物燃气的温度，使气化炉的热效率有所提高，而且热分解层和干燥层对生物燃气有一定的过滤作用，因此排出气化炉的生物燃气中灰含量减少。上吸式气化炉可以使用含水量较高的生物质原料（含水量可达 50%），且对生物质原料尺寸要求不高。

但上吸式气化炉也有一个突出的缺点。在热分解层产生的焦油没有通过还原层和氧化层而直接混入生物燃气排出，导致上吸式气化炉生产的生物燃气焦油含量高且不易净化。这种品质的生物燃气使用存在很大的问题，因为冷凝后的焦油会附着在管道、阀门管件、仪表以及燃气炉灶上，破坏气化系统的正常运行和用户的使用。自有生物质气化技术以来，焦油的脱除始终是一个技术瓶颈。上吸式气化炉因为这个缺点一般用在粗燃气不需要冷却和净化就可以直接使用的场合。

对于上吸式气化炉，温度是影响气化反应最主要的因素，但在一个自供热的上吸式气化炉中，反应温度主要受反应层高度、空气比、热损失的制约。下面简述反应层高度、空气比、热损失对上吸式气化炉气化反应的影响。

（1）反应层高度的影响。在上吸式气化炉中，反应温度随着反应层高度（料层高度）的增加而减小，在运行中，当其他条件已经确定（如生产量、空气比等），反应层高度反映了温度。为了获得品质比较高的生物燃气，必须控制较高的热分解层温度，它可以通过控制反应层高度来实现。[●]

根据反映产物分布与温度的关系、反应过程所需热量计算及热平衡方程式等归纳出床层高度 H 与床层温度 T、空气比 N、生产量 M 及热损失 Q_1 的函数式：

$$H = f(T_1, N, M, Q_1)$$

式中，T_1 为热分解层最上层的温度，即选定的最低度，800℃ 为热分解层的最下层温度，即最高温度，则热分解层的高度 H 可按下式计算：

$$H = \int_{T_1}^{800} \frac{M(1 - 0.01Q_1)[0.573\arctan(0.02T - 8) + 0.1646N + 0.829]\sum C_{pi}Y_i}{8.357 \times 10^5 + 5.4916 \times 10^{10}(1 - 0.02n)/(T^2 - 1400T + 4.925 \times 10^5)} d_T$$

式中，M 为生产量，kg/(m^2·h)；Q_1 为损失热量与加入气化炉的总热量之比，%；N 为空气比，表示实际加入空气量与原料完全燃烧所需空气量之比，%；C_{pi} 为气体中组分 Y_i 的比热容，kcal/(kg·℃)；Y_i 为气体中组分 i 的含量，%。

在不同的生产量、空气比及热损失等情况下用计算机模拟的温度随总料层高度变化的规律分别表示在图 5-8~图 5-11 中。

● 徐冰嫌，罗曾凡，陈小旺. 上吸式气化炉的设计与运行 [J]. 太阳能学报，1988（4）：16-26.

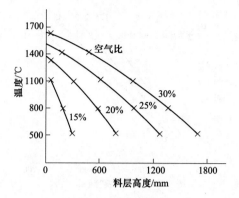

图 5-8 空气比对床温的影响

[生产量 280kg/(m² · h)，热损失 10%]

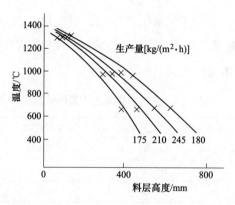

图 5-9 生产量对床温的影响

（空气比 20%，热损失 10%）

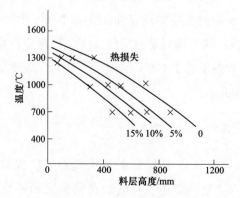

图 5-10 热损失对床温的影响

[生产量 280kg/(m² · h)，空气比 20%]

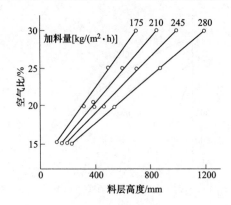

图 5-11　床层高度与空气比在不同加料量时的关系

（温度 600℃）

（2）空气比的影响。对于批量生产来说，空气比会在一定幅度内自动调节。表 5-3 列出一组实验数据，实验在直径为 850mm 的上吸式气化炉中进行，使用的生物质原料为含 15% 水分的木块。

表 5-3　空气用量与生产量的关系

空气量/m³·(m²·h)⁻¹	生产量(湿料)/kg·(m²·h)⁻¹	空气比/%	气体平均热值/kJ·m⁻³
144	144.4	19	5873
190.8	190.0	19	5866
237.9	235.0	19	5987

注：1cal=4.18J，下同。

（3）热损失的影响。热损失是气化过程唯一不可回收的能量，它的大小除直接影响热效率以外还影响反应温度，如图 5-10 所示。图 5-11 表示当选择最上层温度为 600℃ 时，在不同的加料量与空气比下，应确定的床层高度，从图中可见为了保证热分解过程在不低于 600℃ 的温度下进行，应根据生产量的大小，控制料层高度在 400～700mm。

5.2.1.2　下吸式固定床气化炉

固定床下吸式气化（见图 5-12）的最大优点是生成的生物燃气中焦油含量比上吸式低很多，因为挥发分中的焦油在氧化层和还原层里进一步进行了氧化和裂解成小分子烃类化合物的反应，因此，这种气化技术比较适宜应用于需要使用洁净燃气的场合。固定床下吸式气化炉一般均采用安装在气化机组下游的罗茨风机或真空泵将空气吸进气化炉，气化炉内的工作环境为微负压，这样做的优点是进料口不需要严格地密封即可实现连续进料，这对于秸秆一类的生物质非常重要，因为这类生物质的堆积密度很小，因此要设计一个能容纳一定料量的炉膛相当困难，即便能够做到，也很难保证气化能够稳定运行。但微负压工作环境会导致炉膛底部连续出灰困难，若不增加专门的连续出灰装置，则只能将炉膛底部做得足够大来存放灰渣，运行每隔一段时间停机清除一次灰渣。固定床下吸式的最大缺点是炉排位于高温区，容易粘连熔融的灰渣，寿命难以保证。

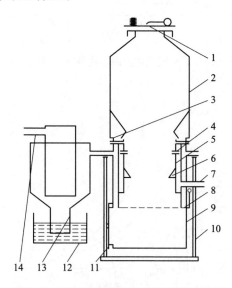

图 5-12　下吸式固定床气化炉结构示意图

1—加料口；2—料仓；3—焦油收集出口；4—风嘴；5—气化室；6—喉口；7—进风口；

8—炉箅；9—炉体；10—支架；11—清灰口；12—水池；13—除尘器；14—燃气出口

下吸式气化炉的一些操作特性如图 5-13～图 5-15 所示。图 5-13 显示的是气化炉内不同高度的温度分布与运行时间的关系，$T_1 \sim T_5$ 是从气化炉喉部到顶部的温度。从 A 点开始产生可燃气体，气化炉进入正常运行阶段。因为不再向炉内进料，到 B 点料层逐渐下降，至气化炉不再产生生物燃气。如图 5-13 所示，在开始阶段炉内各反应层温度逐渐升高，产生生物燃气后，温度逐渐稳定，到运行后期，温度再次升高。各反应层的温度有较明显区别，因此，可根据气化炉内的温度监控气化炉的运行情况。图 5-14 所示为气化炉内料层高度与温度的关系，A 点为开始产生可燃气体点，B 点为停止进料点。曲线 A 和曲线 B 之间的区域为气化炉温度分布区域。图 5-15 为物料含水量和产气时间的关系。

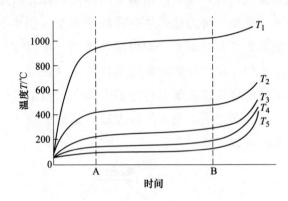

图 5-13　下吸式气化炉内温度与运行时间的关系

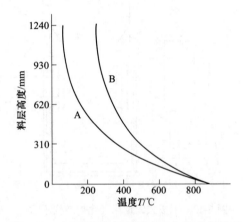

图 5-14　下吸式气化炉料层高度与温度的关系

5.2.1.3　横吸式固定床气化炉

图 5-16 所示为横吸式固定床气化炉。与上吸式和下吸式气化器一样，横向抽吸气化器的生物质原料是从气化器的顶部加入的，灰烬落入底部的灰烬室。水平抽吸气化器的主要特征之一是在气化器中存在高温燃烧区，即氧化区。在高温燃烧区，温度可达到 2000℃ 以上。高温区的大小由进气喷嘴的形状和进气率决定，不应太大或太小。

目前，水平抽吸固定床气化炉也已进入商业运营阶段，主要应用于南美地区。

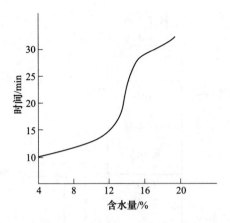

图 5-15 下吸式气化炉物料含水量和产气时间的关系

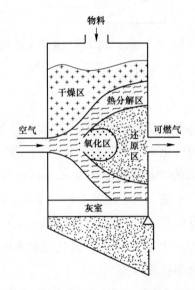

图 5-16 横吸式固定床气化炉原理示意图

5.2.1.4 开心式固定床气化炉

图 5-17 是开心式固定床气化炉示意图。开心式气化炉结构及气化原理与下吸式气化炉类似，是下吸式气化炉的一种特殊形式。[1]开心式气化炉是我国自行研制的一种结构简单、氧化还原区小、反应温度低的气化炉。主要用于稻壳气化。

---

❶ 张亚宁. 生物质气化产气的模拟及优化研究 [D]. 哈尔滨：哈尔滨工业大学，2009.

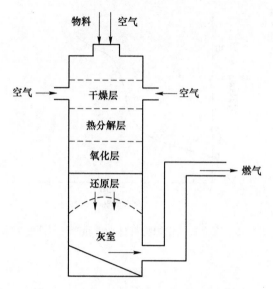

图 5-17　开心式固定床气化炉示意图

5.2.2　流化床气化炉

生物质流化床气化的研究起步比固定床气化要晚得多。流化床气化器中有一个热砂床，生物质燃烧的气化反应在热砂床上进行。当气化剂以一定的流速吹入时，在这种作用下，炉内的物料颗粒、流化床物料和气化剂充分接触并均匀加热，在炉内形成"沸腾"状态。气化率高，产气率高于固定床。❶

流化床气化器的缺点包括：（1）产气显热损失大；（2）由于流化速度快，燃料颗粒小，产生的沼气含尘量大；（3）流化床要求床内燃料和温度的均匀分布，以及复杂的运行控制和检测方法。

5.2.2.1　单流化床气化炉

单流化床气化炉是最基本、结构最简单的流化床气化炉，它只有一个流化床反应器，其结构如图 5-18 所示。

单流化床气化器的气化剂一般为空气，由鼓风机从流化床底部引入，通过底部空气分配器吹入流化床，用生物质颗粒进行气化，产生的沼气直接从气化器出口排入气体净化系统。

---

❶　吴军亮. 外循环逆流移动床生物质气化制氢工艺研究［D］. 大连：大连理工大学，2009.

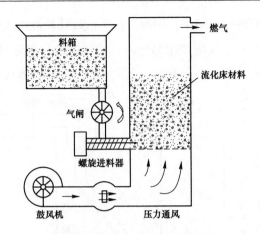

图 5-18 单流化床气化炉示意图

5.2.2.2 循环流化床气化炉

循环流化床和单一流化床的主要区别在于在沼气的出口处有一个旋风分离器或袋式分离器。其工作原理如图 5-19 所示。与单流化床气化器相比，循环流化床气化器中的流化速率更高，这使得产生的沼气含有大量的固体颗粒（床料、碳颗粒、未反应的生物质原料等）。经过分离器后，这些固体颗粒返回流化床，其中再次发生气化并且保持气化床的密度。

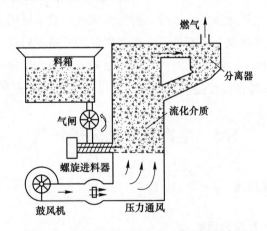

图 5-19 循环流化床气化炉工作原理示意图

5.2.2.3 双流化床气化炉

图 5-20 显示了双流化床气化炉的示意图，该气化器分为两个部件：气化器反应器和燃烧炉反应器。在气化反应器中，生物质原料经过热解和气化反应产生

沼气，沼气被排放到净化系统中。同时，产生的碳颗粒被送入燃烧炉反应器，在那里发生氧化燃烧反应。反应使床温升高，加热后的高温床料返回气化反应器，发挥气化所需的热源作用。可以看出，双流化床气化器的碳转化率也很高。

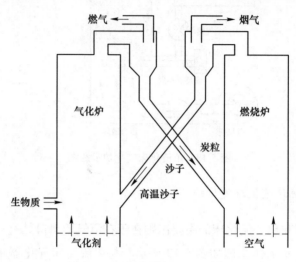

图 5-20　双流化床气化炉示意图

5.2.2.4　携带床气化炉

携带床气化器是流化床气化器的一种特殊情况，它不使用惰性材料作为流化介质，由气化剂直接吹制，属于气流输送。气化炉要求原料破碎成小颗粒，操作温度高达 1100~1300℃。采出的天然气中焦油和凝析油含量很低，碳转化率可达100%。然而，由于操作温度高和易烧结，材料选择更加困难。[1]

5.3　生物质气化为燃料气

5.3.1　生物质气化原理

5.3.1.1　生物质气化的概念

在不完全燃烧条件下，将生物质原料加热，使较高分子量的烃类化合物裂

---

❶ 李伟振. 生物质流化床气化制取富氢燃气试验系统设计与试验结果 [D]. 镇江：江苏大学，2009.

解，变成较低分子量的 CO、H_2、CH_4 等可燃性气体，在转换过程中要加气化剂（空气、O_2 或水蒸气），其产品主要指可燃性气体与 N_2 等的混合气体。这种混合气体尚无准确命名，称燃气、可燃气、气化气的都有，下文称其为"生物燃气"。❶生物质气化原理如图 5-21 所示。

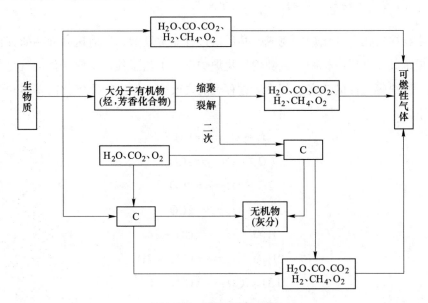

图 5-21　生物质气化原理

为了更好地理解生物质气化过程，在此介绍热值和挥发分两个基本概念。

（1）热值也称发热值，是指单位质量的燃料完全燃烧时所产生的热量，它是衡量燃料质量优劣的重要指标。按照是否把生成物中水蒸气的汽化潜热计算在内，又分为高位热值和低位热值。

（2）挥发分生物质的燃烧是在高温下进行的，生物质中木质纤维含量较多，其构成多为单键化合物，当生物质被加热时，其中的自由水首先被蒸发出来，湿物料变成干物料，在继续加热的情况下，温度不断升高，分子活动加剧，化合键被打开，释放出大量的可燃物质——可燃气体，这种可燃物质叫作挥发分。❷

生物质气化与沼气有着本质区别，沼气是生物质在厌氧条件下经过微生物发

❶　郭华，祝涛，王吉平．生物质气化技术的研究进展 [J]．广州化工，2014（18）：35-37.

❷　王艳，张书廷，张于峰，等．城市生活垃圾低温热解产气特性的实验研究 [J]．燃料化学学报，2005，33（1）：62-67.

挥作用而生成的以 CH_4 为主的可燃气体。由于工艺原理的不同，生物质气化较适宜处理农作物秸秆和林业废物等一类的干生物质，而沼气技术较适宜处理牲畜粪便和有机废液等一类的生物质。[1]

5.3.1.2　生物质气化的基本热化学反应

生物质气化在气化炉中完成，其反应过程非常复杂，目前这方面的研究尚未完全揭示其化学反应机制。且随着气化炉炉型、工艺流程、反应条件、气化剂的种类、原料等条件的改变，其反应过程也随之改变。但生物质气化的基本化学反应如下。

$$C + O_2 = CO_2$$
$$CO_2 + C = 2CO$$
$$2C + O_2 = 2CO$$
$$2CO + O_2 = 2CO_2$$
$$H_2O + C = CO + H_2$$
$$2H_2O + C = CO_2 + 2H_2$$
$$H_2O + CO = CO_2 + H_2$$
$$C + 2H_2 = CH_4$$

生物质在上吸式固定床气化炉中的气化过程可以用图 5-22 表示。生物质原料从气化炉上部加入，气化剂（空气、O_2 或水蒸气等）从底部吹入，气化炉中生物质原料自上而下分成四个区域，即干燥层、热分解层、还原层和氧化层。炉内温度从氧化层向上递减。[2]

（1）干燥层。上吸式气化炉的顶层是干燥层，从顶部加入的生物质原料直接进入干燥层。湿材料与下面三个反应区中产生的热气产物交换热量，导致原料中的水分蒸发。生物质材料是由含有一定水分的原料转化为干燥材料。干燥层的温度为 $100 \sim 250℃$。干燥层的产物是干燥材料和水蒸气，当在以下三个反应区中产生热量时，它们从蒸发器中排出，而干燥材料落入热分解层中。[3]

（2）热分解层。氧化层和还原层中产生的热气在上升过程中穿过热分解层，

[1]　李大中. 生物质发电气化过程建模及优化研究 [D]. 保定：华北电力大学，2009.

[2]　张亚宁. 生物质气化产气的模拟及优化研究 [D]. 哈尔滨：哈尔滨工业大学，2009.

[3]　曾科. 商用秸秆气化炉的设计与试验研究 [D]. 镇江：江苏大学，2009.

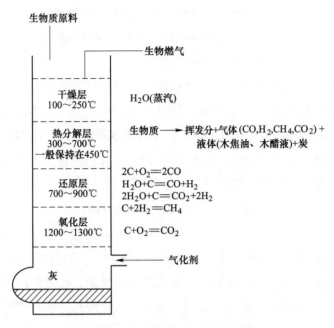

图 5-22 生物质气化过程示意图

加热生物质原料。根据前面描述的气化原理，生物质在被加热后进行裂化反应。在反应中，生物质中的大部分挥发性成分从固体中分离出来。由于生物质热解需要大量的热量，热分解层的温度基本在 300~700℃。在裂化反应中，主要产物为碳、H_2、水蒸气、CO、CO_2、CH、焦油、木焦油、热解油酸等碳氢化合物。这些热气继续上升并进入干燥层，而碳则进入下面的还原层。[1]

（3）还原层。在还原层已经没有 O_2 存在，在氧化反应中生成的 CO_2 在这里与碳、水蒸气发生还原反应，生成 CO 和 H_2。由于还原反应是吸热反应，还原层的温度也相应比氧化层略低，还原层的主要产物是 CO、CO_2 和 H_2，这些热气体与氧化层生成的部分热气体上升进入热分解层，而没有反应完的碳则落入氧化层。[2]

700~900℃，其还原反应方程式为：

$$C + CO_2 = 2CO - 162297J$$
$$H_2O + C = CO + H_2 - 118742J$$

[1] 李蓉，李军. 秸秆气化集中供气技术 [J]. 农业工程技术（新能源产业），2010（12）：14-16.

[2] 肖伟. 奉贤区农田废弃物资源化利用的可行性研究 [D]. 上海：上海交通大学，2012.

$$2H_2O + C \rule[0.5ex]{1.5em}{0.5pt} CO_2 + 2H_2 - 75186J$$

$$H_2O + CO \rule[0.5ex]{1.5em}{0.5pt} CO_2 + H_2 - 43555J$$

$$C + 2H_2 \rule[0.5ex]{1.5em}{0.5pt} CH_4$$

（4）氧化层。气化剂由气化炉底部进入，在经过灰渣层时与热灰渣进行换热，被加热的气化剂进入气化炉底部的氧化层，在这里与炽热的炭发生燃烧反应，放出大量的热量，同时生成 CO_2。由于是限氧燃烧，O_2 的供给是不充分的，因而不完全燃烧反应同时发生，生成 CO，同时也放出热量。[1]在氧化层，温度可达到 1200~1300℃，反应方程式为：

$$C + O_2 \rule[0.5ex]{1.5em}{0.5pt} CO_2 + 408860J$$

$$2C + O_2 \rule[0.5ex]{1.5em}{0.5pt} 2CO + 246447J$$

在氧化层进行的均为燃烧反应，并放出热量，也正是这部分反应热为还原层的还原反应、生物质原料的热分解、干燥提供了热量。在氧化层中生成的热气体（CO 和 CO_2）进入气化炉的还原层，灰则落入底部的灰室中。[2]

5.3.2　生物燃气的净化

5.3.2.1　生物燃气含有的主要杂质

生物质气化装置内排出未经净化的生物燃气含有杂质，也称为粗燃气。如果不经净化将粗燃气直接通过管道送入集中供气系统或锅炉、燃气轮机等使用设备，将会影响供气、用气设备和管网的正常运行。因此必须在气化系统之后对生物燃气进行净化处理，使之达到可使用燃气的质量标准。气化炉内产生的生物燃气主要含有以下杂质。

（1）焦油与灰分。焦油是生物质气化过程中不可避免的衍生产物。其主要生成于气化过程中的热解阶段，当生物质被加热到 200℃ 以上时，组成生物质的纤维素、木质素、半纤维素等成分的分子键将会发生断裂，发生明显热分解，产生 CO、CO_2、H_2O、CH_4 等小的气态分子。而较大的分子为焦炭、木醋酸、焦油等，此时的焦油称为一次焦油，其主要成分为左旋葡聚糖，其经验分子式为 $C_5H_8O_2$。一次焦油一般都是原始生物质原料结构中的一些片段，在气化温度条

---

[1] 李伟振. 生物质流化床气化制取富氢燃气试验系统设计与试验结果 [D]. 镇江：江苏大学，2009.

[2] 李蓉，李军. 秸秆气化集中供气技术 [J]. 农业工程技术（新能源产业），2010（12）：14-16.

件下，一次焦油并不稳定，会进一步发生分解反应（包括裂化反应、重整反应和聚合反应等）成为二级焦油。如果温度进一步升高，一部分焦油还会向三级焦油转化。焦油是含有成百上千种不同类型、性质的化合物，其中主要是多核芳香族成分，大部分是苯的衍生物，有苯、萘、甲苯、二甲苯、酚等，目前可析出的成分有100多种。

（2）有机酸。在生物质热转化过程中会产生有机酸，如乙酸、丙酸等。虽然大部分有机酸会冷凝并排出，但仍有一定量的有机酸以蒸气形式存在于生物燃气中。这些有机酸蒸气对输气管道和灶具有很强的腐蚀作用。

（3）水。生物质原料中含有一定量的水分，气化过程中，水被加热成为蒸汽，不但带走较多的热量，还降低气化炉内温度，降低气化效率。

5.3.2.2 燃气净化技术与设备

（1）湿式净化法。湿式净化是采用水洗喷淋的方法脱除焦油和灰分的一种燃气净化方法，该方法对焦油的脱除效果较明显。大部分焦油都是可溶于水的，并且生物燃气在被水洗喷淋的同时降低了温度，这有利于焦油的冷凝和脱除。湿式净化法具有结构简单、技术已经成熟并且商业化、操作方便简单等诸多优点。但是湿式净化是用水直接喷淋，使用后的水如不处理会造成严重的二次污染，与此同时，被脱除的焦油中的能量也没得到充分利用，造成资源的浪费。

洗涤塔是最常用也是最简单的气体洗涤装置。根据燃气净化的要求，洗涤塔有单层、多层之分。为了增大燃气与水的接触面积，可在洗涤塔内充装填料，洗涤塔内气体流速一般在1m/s以下，停留时间为20~30s。燃气在上升过程中，反复与水滴接触，使固体和焦油颗粒与水混合，形成密度远大于气体的液滴，落到下部排出，净化后的燃气由洗涤塔上部排出。洗涤塔的脱除效率取决于气体和水的接触，沿截面水滴的均匀分布和合理尺寸的填料会显著提高效率。一般设计完善的洗塔，效率可达95%~99%。

喷射洗涤器也是生物质气化系统中常用的燃气净化设备。洗涤水由喷嘴雾化成细小水滴，与待净化的燃气同方向流动，但两者之间存在很高的速率差。在向下流动的过程中，气流先加速而后减速，以此来增加气流与洗涤水滴的接触。洗涤水最后进入水分离箱后，速率大大降低，这使得携带了灰粒和焦油的液滴从气体中分离出来。喷射洗涤器一般效率可达到95%~99%，它的缺点是压力损失大，需要消耗较多的动力。

（2）干式净化法。干式净化法是以棉花、海绵或活性炭等强吸附材料作为过滤材料，当燃气通过过滤材料时，利用惯性碰撞、拦截、扩散以及静电力、重力等吸附机制，把燃气中的焦油、灰分等杂质吸附在过滤材料中。干式净化法是一种有效去除细小颗粒杂质的方法，根据过滤材料孔隙的大小，可以过滤出0.1~1μm的小粒径杂质。干式净化法依靠过滤材料的容积或表面来捕集颗粒，其容纳颗粒的能力有限，因此过滤材料再生重新使用是一个技术瓶颈。当然，使用过的过滤材料可作为气化原料烧掉，避免二次污染。袋式过滤器常采用间歇振打和反吹的方法，但袋式过滤器对燃气的含水量比较敏感。干式净化法具有运行稳定、高效、成本低的优点。

（3）裂解净化法。裂解净化法是在高温下将生物质气化过程中所产生的焦油裂解为可利用的永久性小分子可燃气体的方法，是当前最有效合理的焦油脱除及利用方法。裂解净化法分为直接热裂解净化法和催化裂解净化法。直接热裂解法需要在气化炉内或净化装置中达到很高的温度（1000~2000℃），促使焦油发生裂解反应，实现较为困难；催化裂解净化法是使用催化剂促使焦油发生裂解反应，反应温度较直接热裂解显著降低（750~900℃），并可使焦油裂解率达到99%。裂解净化法的缺点是工艺较复杂，催化裂解过程催化剂失活严重，成本太高，很难在我国农村地区推广使用。

5.3.3　气化技术的应用

5.3.3.1　生物质气化供热技术

生物质气化供热是指生物质气化后生成的生物燃气，进入燃烧器中燃烧放出热量，为终端用户提供热能。生物质气化供热可分为集中供热和分散供热两种形式。集中供热系统由热源、热网和热用户三部分组成。热源为由生物质气化炉、过滤器、锅炉、热交换器等设备构成的系统，热网为连接热源和热用户的管路系统，热用户为使用热能的单位，即居民用户。

由热源生产的蒸汽或热水通过管网输送给一个区域热用户采暖，具体流程如图5-23所示。[●]生物质气化集中供热最大的特点是生物燃气直接进入锅炉燃烧，

❶ 陈冠益，夏宗鹏，颜蓓蓓，等. 农村生物质气化供热技术经济性分析［J］. 可再生能源，2014，32（9）：1395-1399.

因而对生物燃气的品质要求较低，不需要高质量的燃气净化和冷却系统，整体热源系统相对简单，生物燃气中所含焦油也可直接进入锅炉燃烧，热利用率高。分户供热是相对于集中供热而言的，每家每户都由独立的热源、热网和热用户组成。热源主要是指燃气壁挂炉。热网为热源到各个供热房间的管路，热用户主要指各个供热房间，具体流程如图 5-24 所示。❶

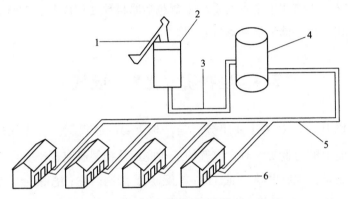

图 5-23　生物质气化集中供热流程示意图

1—给料器；2—气化炉；3—输气管道；4—锅炉；5—热水管网；6—用户

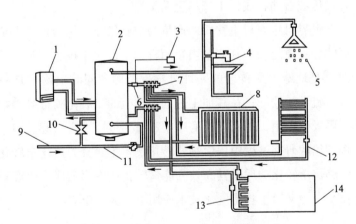

图 5-24　生物质燃气分户供热流程示意图

1—燃气壁挂炉；2—双层保温储水箱；3—房间温控；4—生活热水；5—沐浴热水；6—水泵；

7—分水器；8—板式散热器；9—自来水补水；10—阀门；11—生活用水补水；

12—卫浴毛巾架；13—地暖管；14—地板采暖

❶ 夏宗鹏，杨孟军，陈冠益，等. 生物质气化燃气和沼气分散供热经济与环境效益分析 [J]. 农业工程学报，2014，30（13）：211-218.

5.3.3.2　生物气化集中供气技术

生物质气化集中供气技术是指以农林废弃物为主的生物质为原料，通过气化生成生物燃气，利用管网输送到农村（或区域）各用户用于炊事，以替代农村居民常用的薪柴、煤或罐装液化石油气。通常集中供气以农村的一个自然村为单位建立气化站。生物质集中供气系统主要包括原料预处理设备、进料装置、气化炉、燃气净化系统、储气柜和输气管网。

5.4　生物质气化为合成气

合成气以 H_2 和 CO 为主要组分，是一种重要的原料气。合成气的生产和应用在化学工业中极为重要，对合成气的工业应用及相关研究也十分广泛，具体的项目有：合成氨；合成甲醇、混合醇；与乙炔反应制丙烯；直接合成二甲醚、乙二醇；Fischer-Tropsch 合成；氢甲酰化和羰基合成；合成降解性聚合物。可以说廉价、清洁的合成气制备过程是实现绿色化工、合成液体燃料和优质冶金产品的基础，对于替代传统石油合成化工产品至关重要。

据统计，全世界每年农村生物质的产量为 300 亿吨。作为世界上资源数量庞大，形式繁多的生物质能，就其能量当量而言，是仅次于煤、石油、天然气而列第 4 位的能源，[1]是地球上最普遍的一种可再生能源。同时生物质是一种清洁能源，本身的氮、硫含量较低；在其加工过程中产生的二氧化碳可被植物或微生物通过光合作用再吸收利用，二氧化碳的净排放量为零，不会引起温室效应。在对生物质的一百多年的研究进程中，生物质转化技术主要分为热化学转化和生物化学转化。其中热化学转化法凭借其高效的能量转化效率逐渐成为研究重点，而在热化学转化技术中，又以生物质气化技术应用得最为广泛。

5.4.1　生物质气化制备合成气技术路线

目前，生物质大规模制取合成气的技术路线按照工艺过程主要有两种，即一步法和两步法。一步法是经过预处理后的生物质直接吹入气流床中进行高温气化（1300~1500℃）来制取合成气。两步法就是生物质先经过 800~1000℃ 的流

---

[1]　李雪瑶. 紫茎泽兰茎干的热解气化研究［D］. 北京：中国林业科学研究院，2009.

化床进行气化，生成的产品气（CO、H_2、CH_4等）再通过催化重整和焦油裂解转化为合成气。当然这些产品气也可以用来发电和作为天然气替代品。一步法和两步法两种技术路线图的比较如图 5-25 所示。[❶]

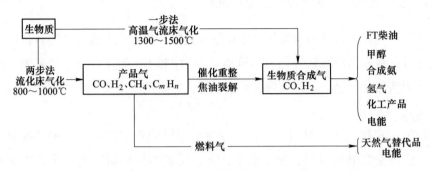

图 5-25 一步法和两步法两种技术路线

5.4.1.1 一步法气化过程

下面为一步法制取合成气的路线：

$$\xrightarrow{\text{生物质}}预处理\longrightarrow\underset{1300\sim1500℃}{熔渣气流床}\longrightarrow冷却、发电\longrightarrow\underset{水洗、过滤}{气体净化}\xrightarrow[60\%\sim80\%]{合成气}$$

经过研磨（预处理）的生物质，在气体流化床中直接高温气化（1300～1500℃）来制取合成气。因此，一步法制取合成气工艺简单，投资成本较低，生物质转化效率高（合成气效率 60%～80%）。不足之处在于运行过程中需要提供较高的反应温度，对设备要求较高，并且对于合成气的定向转化较难控制。

5.4.1.2 两步法气化过程

首先，生物质在流化床（800～1000℃）中气化以生产产品。然后，通过裂化从产物气中去除焦油，用水洗涤 NH_3 和 HCl，过滤并去除 H_2S 和飞灰颗粒，并通过加压和重整将压力调节至 4MPa，H_2：CO 为 2：1，满足费托合成的要求。最后再把制取的合成气通入费托合成器进行费托合成。

下面为两步法制取合成气的路线：

$$\xrightarrow{\text{生物质}}预处理\longrightarrow\underset{1300\sim1500℃}{纯氧硫化床}\longrightarrow去除焦油\longrightarrow\underset{水洗、过滤}{气体净化}\xrightarrow[48.2\%]{合成气}$$

---

❶ 赵辉. 生物质高温气流床气化制取合成气的机理试验研究［D］. 杭州：浙江大学，2007.

两步法的优点是可以更好地控制合成气中 H_2 与 CO 的比例，但缺点是最终合成气效率低。

5.4.2　生物质气化制备合成气的影响因素

以生产气体为目的的常规气化旨在追求热值，而以生产合成气为目的的生物质气化旨在将木质纤维素转化为尽可能富含 H_2 和 CO 的混合物，尽可能少的无用气体和碳氢化合物，以降低后续重整和转化的难度。主要影响因素包括以下几个方面。

（1）反应物的滞留时间。气化可分为生物质的热解反应和热解产物的热解反应，但无论是哪种反应，在一定条件下，反应物的停留时间越长，反应越充分，产物越多。因此，常规气化通常需要不少于 3s 的停留时间，而制备合成气需要更长的反应时间，因为需要裂化更多的碳氢化合物。[●]

（2）气化反应温度。气化温度是影响气化产物的最重要因素之一。经验表明，反应区的温度因不同类型的气化器而异，其中最高的为携带床，其次是流化床，最低的为移动（固定）床。温度越高，产生的气体中的 H_2 和 CO 越多，碳氢化合物气体（如 CH_4）越少。因此，将反应温度提高到一定范围内有利于以热化学气化为主要目的的工艺。

（3）气化反应压力。压力也是影响气化产物的主要因素，压力越高，就越有利于 CH_4 等碳氢化合物气体的产生。加压气化技术的使用可以通过提高反应容器中反应气体的浓度、降低相同流速下的气流速度、增加气体与固体颗粒的接触时间来提高流化质量，从而提高流化品质。因此，加压气化不仅可以提高生产能力，减小气化或热解炉设备的尺寸，还可以减少进行原料的损失。因此，常规气化压力越高越好，而制备合成气时，压力越低越好。

（4）气化剂。气化剂的选择和分配是气化过程中的重要影响因素之一。常用的气化剂包括空气、氧气和水蒸气。气化剂量直接影响反应器的操作速率和产物气体的停留时间，从而影响气体的质量和产率。空气气化增加了产品中的氮含量，降低了气体的热值和可燃成分的浓度。使用纯氧作为气化剂不仅可以避免引入大量的 N_2 来稀释产生的气体，而且可以有效地提高气化区的温度，从而为添加适量的水蒸气创造条件。水蒸气的作用是多方面的。它可以直接与热碳反应生

● 朱锡锋. 生物质气化制备合成气的研究 ［J］. 可再生能源，2002（6）：7-10.

成 H_2 和 CO，还可以与碳氢化合物进行水蒸气转化反应，从而减少气体重整和转化的工作量。❶

（5）催化剂。催化剂是气化过程中的重要影响因素，其性能直接影响气体成分和焦油含量。催化剂在强化气化的同时，也促进了产品气中焦油的裂解，产生了更多的小分子气体组分，提高了产气率和热值。❷在制备合成气的过程中，添加催化剂可以催化气体中的碳氢化合物（如烃类气体和焦油）裂解为有用气体，并去除硫化氢等其他有害气体。碳和氯化合物的催化裂化过程相对复杂，尤其是焦油裂化机理尚未完全揭示。然而，碳氢化合物通常可以在特定催化剂的催化下通过加入适量的水蒸气来裂化。

5.5　禽畜粪便厌氧消化制取沼气技术

我国产业结构的调整使得禽畜饲养业迅速发展，养殖业在丰富了城乡居民的菜篮子的同时，其生产过程中产生的有机废弃物对我国的环境也造成很大的压力。随着我国政府对集约化养殖场所造成的污染问题的逐步重视、人民生活水平不断提高和环境意识的逐渐增强，对禽畜粪污进行无害化、资源化、减量化处理利用已经成为十分紧迫的任务。由于厌氧消化技术具有多功能性，在治理环境污染，开发新能源的同时还可以为农户提供优质的肥料，因此利用厌氧消化来处理禽畜粪污对维持我国农业生产体系的可持续发展，从而取得综合治理效益有着深远的意义。

下面以经预处理后的猪粪作为沼气发酵原料，探求不同发酵工艺条件下产气特性及发酵液中营养元素的变化，以期对如何实现禽畜粪便综合利用，使其在生态系统的水平上实现物质、能量流动的良性循环提供依据和参考。

试验装置为自行设计制作的厌氧发酵装置，试验地点为上海交通大学农业与生物学院生物质能实验室。本研究以猪粪为原料，对其进行厌氧消化处理制取沼气。厌氧发酵装置结构如图 5-26 所示。

自然界可被微生物转化利用的基质氮素来源较广。在沼气发酵中，最常见的氮素分析指标是凯氏总氮和氨态氮。凯氏总氮用来代表基质的总含氮量。采用凯

❶ 赵辉. 生物质高温气流床气化制取合成气的机理试验研究 [D]. 杭州：浙江大学，2007.

❷ 李雪瑶. 紫茎泽兰茎干的热解气化研究 [D]. 北京：中国林业科学研究院，2009.

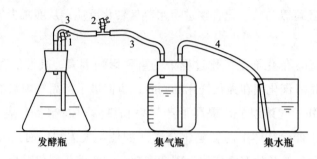

图 5-26 厌氧消化试验装置结构

1—取样；2—取气；3—导气管；4—导水管

氏定氮仪进行测定。此外，磷元素在微生物生命活动中是必需的矿质营养成分。在沼气发酵中，对磷素的研究逐渐增多，如关于挥发固体：磷的最适量的研究，C：P 和 C：N：P 的最适量的研究。除总磷的测定外，作为沼气发酵中微生物直接利用的有效磷素——可溶性磷的测定也是重要的。一般来说，在污水中可溶性磷除正磷酸盐外，尚有水解性磷和少量有机态磷。鉴于正常沼气发酵过程中，系统是处于 pH 值为 7.0~7.4，因此，正磷酸盐形态是可溶性磷的主要部分。所以，在沼气发酵中，采用正磷酸盐的测定值近似地反映基质磷素的有效营养水平。采用分光光度计进行测量。

在不同温度条件下进行的厌氧发酵试验期间，室内温度最高为 22℃，最低为 18℃，平均室温为 20℃。pH 值的变化是基于沼气发酵的实际情况。用于沼气发酵的新鲜原料产生的甲烷相对较少，经过预处理后，沼气发酵可以增加甲烷产量。因此，在本实验中，在对原料进行沼气发酵之前，对原料进行预处理并浸泡在水中，以加速原料中有机物的分解。预处理第 5 天，原料的 pH 值呈下降趋势，pH 值降至 6.89。这是由于在原料预处理过程中，一些高分子量化合物降解为低分子量化合物，在产氢产酸细菌的作用下产生一些挥发性脂肪酸。沼气发酵最适宜的 pH 值为 6.5~7.5，可作为厌氧发酵原料进行发酵实验。

在不同的沼气发酵温度条件下，反应初期，中温发酵产气量呈显著上升趋势，在第 6 天达到峰值。主要产气期集中在第 3 天至第 10 天，随后产气逐渐开始减少；尽管在室温和高温条件下的厌氧发酵初期表现出轻微的上升趋势，但产气量远低于中温发酵。之后，两组实验的日产气量都出现了明显的低谷。这种影响在中等温度下最为显著。中温厌氧污泥用于产气的启动速度更快，而高温厌氧发酵只有在停滞期后才开始。

厌氧发酵过程中产生的沼气是一种混合气体，其成分不仅取决于发酵材料的类型和相对含量，而且随着发酵条件和阶段的不同而不同。厌氧发酵过程处于正常稳定发酵阶段时，沼气的主要成分是甲烷和二氧化碳，此外还有少量气体，如一氧化碳、硫化氢、氧气和氮气。●

动物粪便中含有大量的有机物和植物生长所需的氮、磷、钾等矿物质元素，是有机肥料的主要原料。沼气发酵所需的条件与提高肥料质量的要求基本一致。对于沼气生产效果好的沼气池来说，里面的有机物必然会分解得很好，有效营养物质释放得很快，而且消化液的 pH 值也能保持在合适的范围内，保肥效果也很好，所以沼气发酵渣是一种优质的有机肥料。

氮是植物营养三要素中需求量最高的元素，与其他营养素不同，氮从有机态转化为无机态后很容易流失。因此，氮的转化率和保存率经常被用作评估肥料制造方法优缺点的主要指标。

根据表中的数据，按下式计算全氮含量的绝对损失率。

$$y = \frac{y_0 - y_1}{y_0} \times 100\%$$

式中，y 为全氮含量绝对损失率，%；y_0 为发酵初始的全氮含量，mg/L；y_1 为厌氧发酵处理猪粪减少了氮元素的损失。这主要是因为厌氧发酵过程没有暴露在空气中，而是在封闭的窗口中进行的。虽然在发酵过程中会产生氨气，但也会产生大量的有机酸，形成有机酸的铵盐，从而保护氨并减少氮的损失。但相对来说，当温度条件高时，氮元素的损失也会更高。

沼气发酵是沼气的微生物群落分解代谢有机物的过程，是在各种细菌的参与下完成的。发酵初期添加的接种剂的数量和质量直接影响沼气发酵的质量。如果一次添加的材料过多，而发酵液中的菌株数量不足，则会因过载而发生酸化，使沼气发酵无法正常进行。如果没有产生气体或气体中的甲烷含量过低，则无法进行点火。然而，适量的接种物可以加快沼气发酵的启动速度，加速原料分解，增加产气量。

当接种量大时，pH 值在发酵过程中变化相对平缓；接种量少时，发酵瓶中微生物数量不足，容易发生酸化，并在发酵过程中引起 pH 值的显著波动。这表

---

❶　刘荣厚，郝元元，武丽娟. 温度条件对猪粪厌氧发酵沼气产气特性的影响 [J]. 可再生能源，2006（5）：32-35.

明疫苗接种剂量的增加加速了有机物的分解和氨化速率，导致 pH 值更快地自动恢复。如果适当增加接种量，发酵开始也会更快。但当接种量增加时，添加材料的量相对减少。因此，尽管接种 50% 疫苗的实验组开始得很快，但由于发酵后期为微生物代谢提供的营养相对减少，对比实验中的总产气量实际上较低。

原料是沼气发酵微生物正常生活活动所需的营养物质和能量，是沼气持续生产的物质基础。微生物的生长和繁殖需要一定量的有机物，以及适当的水分。当发酵液中的干物质含量过高时，甲烷的产生就会减慢甚至停止。这是由于某些有毒物质如氨氮和挥发性酸的积累，抑制了产甲烷细菌的生长和代谢，终止了产气过程；当饲料液的浓度较低时，如果饲料液中的水分含量过高，营养成分就会较低，这将导致产甲烷细菌的营养不足，从而影响微生物的生长。发酵产气不旺盛，产气时间短。

5.6　秸秆沼气技术

近年来，随着农业的发展，规模养殖逐渐增加，以畜禽粪便为主要发酵原料的农村户用沼气建设受到了一定的制约。为有效地解决农村沼气池发酵原料不足与秸秆焚烧所带来的各种问题，农业部组织开发了秸秆生物气化技术。目前重点集中在秸秆的预处理、秸秆厌氧消化新工艺以及高效的工程装备、设施等方面的创新、改进及工程调控技术等，并进行了大量的工程试验，建立了一定数量的工程示范，为秸秆沼气产业化的发展和规模化应用做了大量基础性工作。❶

户用秸秆沼气工艺流程如图 5-27 所示。图中线路 1 和 2 两种预处理工艺的不同为一个在池内进行生物预处理，而另一个在池外。其余工艺完全相同，经预处理的秸秆产气效果相当。

从 20 世纪 80 年代起，国内一些科研院所、大专院校和企业对秸秆沼气应用技术和工程装备进行了比较全面系统的研究。截至 2009 年底，我国已建成并正常运行的规模化秸秆沼气工程约 100 多座。目前，我国已经完成了多株纤维素、木质素高效分解菌与辅助功能菌的分离与选育，采用中温菌和高温菌联合互动，

---

❶ 田晓东，张典，陆军. 浅论生物质能源和生物质能发电［J］. 长春工业大学学报（自然科学版），2007，28（B7）：8-11.

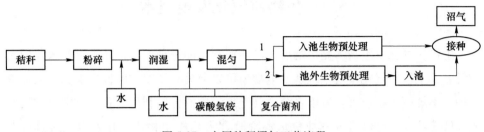

图 5-27 户用秸秆沼气工艺流程

提高纤维素分解能力，通过优化配伍研制出秸秆预处理生物复合菌剂，该菌剂经法定部门检验属安全无毒。利用此菌剂处理过的秸秆，包裹结构得以疏松，入池发酵易于被厌氧微生物分解利用，产气启动时间提前 4~8 天，沼气产量提高 30%以上，菌剂的使用解决了秸秆沼气发酵效率低的难题，发酵后的物料松散、不结壳。

联户秸秆沼气的预处理方式与户用秸秆沼气相似，秸秆的粉碎度视发酵工艺及池型确定。覆膜式干发酵工艺，秸秆揉搓后，切成 50~200mm 不等的短节，即可下池，并采用专用机具进出料；湿发酵工艺秸秆粉碎度在 10mm 以内，并配有简易的搅拌设施，防止液面结壳。由于采取了一些简易的保温措施和各池管路联通，使得供气稳定性比单户沼气池要好一些，但工程建设投资也相应增加了 30%~40%。

德国于 20 世纪 90 年代起，开始进行以秸秆为主要原料的沼气间歇干法发酵技术及工业级装备的研发。目前欧洲用于秸秆沼气发酵处理的工程设施主要有四种类型：车库型、气袋型、渗出液存储桶型和干湿联合型。美国加州大学戴维斯（Davis）分校研制的储罐型装置也可用于秸秆沼气发酵处理。2002 年，德国 BIOFERM 公司、BEKON 公司等厂家生产的车库型工业级装备已进入生产性验证，在控制、安全等方面均较完备，但投资较高。

在原料方面，德国 4000 多个农场沼气工程中，超过 60%的工程采用玉米青储秸秆与畜禽粪便混合原料进行沼气生产并发电，玉米青储秸秆是指栽种的玉米在成熟前 2 周左右收割、粉碎和堆放，青储秸秆添加量一般为发酵原料的 20%左右。这些工程均为热电联产，中温（35℃）发酵占 90%以上，因此容积产气率较高[0.8m³/(m³·d)以上]，达到常年稳定产气。

5.7　生物质气化发电技术

生物质气化发电技术是生物质清洁能源利用的一种方式，几乎不排放任何有害气体。生物质气化发电系统从发电规模可以分为小规模、中等规模和大型规模三种。小规模生物质气化发电系统适合于生物质的分散利用，具有投资小和发电成本低等特点，已经进入商业化示范阶段。❶大规模生物质气化发电系统适合于生物质的大规模利用，发电效率高，已经进入示范和研究阶段，是今后生物质气化发电主要发展方向。

5.7.1　生物质气化发电基本原理

生物质气化发电的基本原理是把生物质转化为可燃气，再利用可燃气推动燃气发电设备进行发电。图 5-28～图 5-30 分别是上述三种发电机组工作原理示意。

第一种方法是利用内燃机的动力输出轴驱动发电机发电。内燃机是一种动力机械，它在机器内部燃烧燃料，并将燃料释放的热量直接转化为动力。在过去，最常见的内燃机类型是活塞式，它将气体和空气混合并在气缸中燃烧。释放的热量使气缸产生高温高压气体。气体膨胀并推动活塞做功，然后通过曲柄连杆机构或其他机构输出机械功。内燃机气化发电系统可以单独使用低热值气体，也可以同时使用天然气和石油。内燃机发电系统具有设备简单、技术成熟可靠、功率和转速范围宽、匹配方便、操纵性好、热效率高等特点，已得到广泛应用。在一般的热力发动机中，能量转换包括两个阶段：第一阶段是通过燃烧过程将化学能转化为热能；第二阶段是将热能转化为机械能。在以水蒸气为工质的动力设备中，这两个阶段分别在锅炉和汽轮机（或蒸汽机）中完成，需要巨大的锅炉和过热设备来传递热量。内燃机将这两种能量转化为气缸，使用高温高压气体作为工作流体来驱动发电机发电。

第二种是用蒸汽推动汽轮机的涡轮（气体膨胀做功）带动发电机发电，蒸汽可由锅炉提供，也可以用其他发电系统的余热生产蒸汽。❷

---

❶ 谢军，吴创之，阴秀丽，等 . 生物质气化发电技术及应用前景［J］. 上海电力，2005（1）：54-57.

❷ 刘春生 . 小型生物质气化系统的设计与性能实验研究［D］. 镇江：江苏大学，2008.

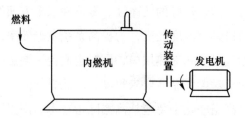

图 5-28 内燃机/发电机工作原理

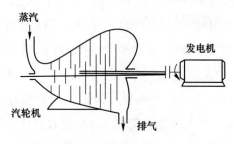

图 5-29 汽轮机/发电机工作原理

第三种是用旋转着的燃气轮机的涡轮带动发电机发电。燃气轮机主要由压缩机、燃烧器和涡轮机三部分组成。压缩机用来压缩通过涡轮机的气体工作介质。涡轮机的功率除用于带动发电机工作之外，大部分消耗在压缩机的工作上。燃气轮机中的开放循环燃气轮机，由燃烧器来的高温高压烟气通过涡轮机膨胀做功推动涡轮旋转后排放出去，要求燃气应纯净。

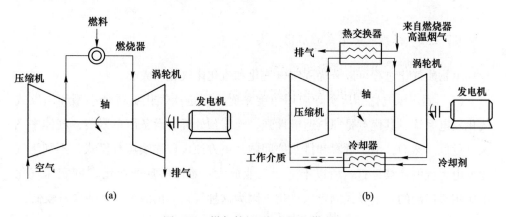

图 5-30 燃气轮机/发电机工作原理
(a) 开放循环燃气轮机; (b) 封闭循环燃气轮机

生物质气化发电技术是生物质能利用中有别于其他利用技术的一种独特方

式，它具有技术充分灵活、较好的洁净性、经济性三个方面的特点。

　　生物质气化炉出口燃气温度较高，为提高系统发电效率，一般采用干法高温燃气净化，以减少燃气显热和潜热损失，同时也避免了湿法净化过程产生的焦油废水。另外，燃气轮机对燃气品质要求很高，因此燃气高温净化对于燃气轮机发电有重要意义。燃气高温净化主要包括高温除尘技术、高温除硫技术、高温去碱金属等。目前高温除尘技术主要有旋风除尘和过滤除尘。旋风除尘的除尘效率达到 70%～85%，一般作为第一级除尘器分离粒径大于 $10\mu m$ 的飞灰颗粒，其分离效率与颗粒粒径、燃气温度有关。过滤除尘设备主要有陶瓷过滤器、金属毡过滤器及移动颗粒层过滤器几种。其中陶瓷过滤器已通过高温（800℃）和高压（2.0MPa）条件下中试，其除尘效率超过 99.9%，压降约为 8.8kPa。金属毡过滤器运行温度和运行压力要低于陶瓷过滤器，一般压力 0.1～0.36MPa，温度260～350℃。高温脱硫主要采用吸收剂如 Fe_2O_3 吸收转化。碱金属主要采用高岭土作为吸收剂吸附转化而除去。目前生物质燃气高温净化技术仍然处于探索研究阶段。

5.7.2　生物质气化发电系统分类

　　生物质气化发电系统采用的气化技术和燃气发电技术不同，其系统构成和工艺过程也有很大的差别。通常将林木生物质气化发电系统按以下三种方式分类。[1]

5.7.2.1　根据气化形式的不同分类

　　生物质气化过程可以分为固定床气化和流化床气化两大类。

　　（1）固定床气化。从实际应用角度来看，固定床气化更适合小型和间歇式气化发电系统。其优点是原料适应性强，无需预处理，设备简单紧凑，气体中飞灰含量低。然而，由于进料和排灰的问题，不方便设计连续运行模式，不利于气化发电系统的连续运行，所以不适于工业放大，难以实现产业化。[2]固定床气化中应用最广泛的是下吸式固定床气化，因为这种气化产出的燃气焦油含量较低，

---

❶　吴创之. 生物质气化发电机技术——气化发电的工作原理及工艺流程 [J]. 可再生能源，2004（1）：41-43.

❷　马洪儒，崔亚量. 生物质气化发电技术相关问题的研究 [J]. 农机化研究，2007（6）：190-193.

净化系统相对简单，而且是负压操作，便于加料。

（2）流化床气化技术。流化床气化技术比较适合于中、大型气化发电系统，这是因为流化床运行稳定、连续可调，适于工业化应用。但是流化床气化的原料需要预处理，气化过程中产生的燃气含有较高的飞灰，不便于后期的燃气净化处理。

目前，循环流化床气化发电系统是研究和应用最多的气化发电技术。中科院广州能源研究所研发出了生物质气化发电优化系统，该系统采用循环流化床气化炉和多级气体净化装置，配置多台 200~400kW 的气体燃料内燃发电机组。[1]其原料来源广泛，可使用木屑、枝丫材等林木生物质，适合我国中小型的物质气化发电。近年来，为了实现更大规模的气化发电方式，提高气化发电效率，国际上正在积极研制开发高压流化床气化发电系统。

5.7.2.2　根据燃气发电系统的不同分类

气化发电可分为内燃机发电系统、燃气轮机发电系统及燃气-蒸汽联合循环发电系统。

（1）内燃机发电系统，以简单的燃气内燃机组为主，可单独使用低热值燃气，也可以燃气、油两用。其原理是内燃机将燃料与空气注入气缸混合压缩，点火引发爆燃做功，推动活塞运行，通过气缸连杆和曲轴，驱动发电机发电。它的特点是投资小、启动快、效率高、设备紧凑、系统简单、技术较成熟，而且变负荷性能好，余热还可以回收利用。内燃机组是目前世界上应用最广的发电机组，但是燃气必须经过净化和冷却装置。内燃机与下吸式固定床气化炉配套的发电系统功率一般为 2~160kW。其与流化床或循环流化床配套的发电系统功率一般为 500~2000kW。

（2）燃气轮机发电系统，采用低热值燃气轮机，其原理是林木剩余物气化产生的燃气在燃气轮机内燃烧驱动发电机发电。微型燃气轮机的功率一般为 25~300kW，具有质量轻、噪声低、寿命长、运行成本低等优点，适用于中心城市或边远农村地区使用。但是燃气轮机对燃气质量要求高，并且需有较高的自动化控制水平和燃气轮机改造技术，因此整个系统的造价很高；如果利用余热构成冷热电联供系统，造价会增加 30%左右。

---

[1]　赵旺初. 生物质气化发电示范工程 [J]. 热能动力工程, 2005 (1): 564-564.

（3）燃气-蒸汽联合循环发电系统，是在内燃机、燃气轮机发电的基础上增加余热锅炉和过热器，由此产生的蒸汽再进行循环发电，这样可以有效地提高发电效率。一般来说，燃气-蒸汽联合循环生物质气化发电系统采用的是燃气轮机发电设备，采用的是最好的高压气化方式，这样构成的系统称为生物质整体气化联合循环系统（B/IGCC）。整体气化联合循环由空分制氧和气化炉、燃气净化、燃气轮机、余热回收和汽轮机等组成，典型的工艺流程如图5-31所示。

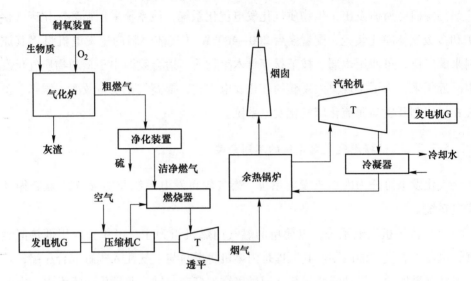

图 5-31　生物质整体气化联合循环工艺流程

5.7.2.3　根据生物质气化发电规模不同分类

根据生物质气化发电规模不同分类可分为小型、中型、大型三种。

（1）小型气化发电系统，一般采用固定床和流化床设备对生物质进行气化，使用内燃机或微型燃气轮机进行发电，其发电规模在200kW以下，由于其发电系统简单、灵活，所需的生物质数量较少、种类单一，故可以应用于农村照明或中小企业的自备发电。[1]

（2）中型生物质气化发电系统，一般采用常压流化床设备对生物质进行气化，使用内燃机进行发电，其发电规模一般为500~3000kW，该系统适用于大中

❶ 谢军，吴创之，阴秀丽，等．生物质气化发电技术及应用前景［J］．上海电力，2005（1）：54-57.

型企业的自备电站或小型上网电站。

（3）大型生物质气化发电系统，一般采用常压流化床设备、高压流化床设备、双流化床设备对生物质进行气化，使用内燃机+蒸汽轮机或燃气轮机+蒸汽轮机进行发电，其发电规模在 5000kW 以上，主要用于上网电站，它适用的生物质较为广泛，所需的生物质数量巨大，必须配有专门的生物质供应中心和预处理中心。该大型生物质气化发电体系是今后生物质利用的主要方式。

5.7.3 生物质热电联供应用实例及经济性分析

传统电力系统主要着眼于单一的发电供电，在单一目标下的能耗高，有限的能源资源没有得到高效和综合的利用。近年来，在节能和环保的发展趋势下，将发电做功后的废气的热能回收供热的热电联供技术（Combined Heat and Power，CHP）得到了普遍应用和发展。

在热电联供模式下运行，不但使燃料的热能利用率提高，更重要的是使燃料利用过程中的高品位电能和作为电力生产副产品的低品位废热能得到梯级利用。以传统火力发电厂为例，单独发电时效率为 36%～39%，而热电联供的热效率达到 60%左右；燃气-蒸汽联合循环发电效率为 50%～52%，而燃气-蒸汽联合循环热电联供的全厂热效率可达 70%以上。热电联供系统的热损失比单独发电系统的热损失可降低 55%左右。其节能效果显著，同时也减少了燃料使用对环境的污染。

生物质热电联供是在燃煤热电厂的技术基础上发展起来的高效环保地利用可再生能源的可持续发展技术，在气体燃料通过内燃机或燃气轮机等热工转换设备燃烧发电的同时，利用做过功的低品位余热向用户供热，提高了生物质发电的综合效益。

5.7.3.1 奥地利 Gussing 生物质气化 CHP 工程

位于奥地利东南部 Gussing 镇的生物质气化 CHP 工程采用双流化床反应器，以木屑为原料，橄榄石为床料，气化燃气经冷却净化后通过内燃机发电，其主要参数见表 5-4，流程如图 5-32 所示。

系统生产的热一部分用于空气预热和水蒸气生产，剩余部分用于区域供热。木屑通过螺旋进料器送进流化床气化炉，气化炉包括气化段和燃烧段两个区域，气化段以水蒸气进行流化，未气化的焦炭和床料一起从底部进入燃烧段，燃烧段以空气进行流化，焦炭在上升的过程中燃烧并将热量传递给床料，在燃烧段的顶部利用旋风分离器将高温床料循环至气化段。燃烧段产生的高温烟气则用于预热空气、过热蒸汽和区域供热。

表 5-4　Gussing 生物质气化 CHP 工程主要参数

项　　目	数　值	项　　目	数　值	项　目	数　值
气化炉规模/kW_{th}	8000	电力输出/kW_c	2000	发电效率/%	25.0
原料含水率/%	25~40	热力输出/kW_{th}	4500	热效率/%	56.3
原料消耗/$t \cdot h^{-1}$	1.76	气化效率/%	81.3	总效率/%	81.3

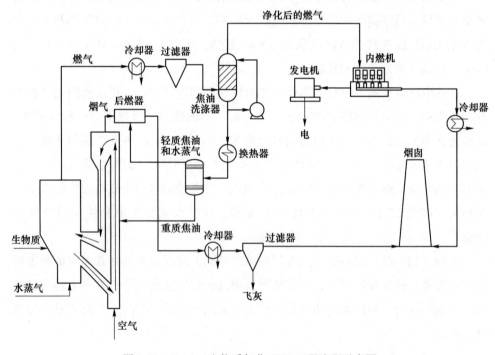

图 5-32　Gussing 生物质气化 CHP 工程流程示意图

气化炉产生的燃气通过净化系统进行冷却和净化。首先，水冷热交换器将燃气的温度从 850~900℃降到 150~180℃，布袋除尘器除去飞灰颗粒和部分焦油，最后通过洗涤器除去剩余的焦油。除焦油使用的是 Babcock-Wilcox Volund 公司的 TARWATC 工艺，使用脂肪酸甲酯（生物柴油）为洗涤剂，从洗涤器排出的含有焦油和冷凝水的生物油被送入蒸汽发生器，轻质焦油和水汽化后进入后燃器与燃烧段排出的烟气混合燃烧，剩余的液态部分送回气化炉的燃烧段。经过洗涤的燃气温度降至 40℃ 左右，然后送入内燃机进行热电联供或是送入锅炉产热。内燃机为经特别调整的 Jenbacher J620GS 内燃机。

气化炉床料的充分循环使气化段和燃烧段的温差维持在 100℃ 左右，气化反应和燃烧反应达到平衡，从而使系统能自动稳定运行。燃气的热值和成分都很稳定，其中的 N_2 成分主要来自回转阀和除尘器的吹扫气体。燃气净化系统同样运行温度，在经过 16000h 的运行之后，内燃机里没有任何沉积物，维护费用和天然气内燃机相当。内燃机尾气和气化炉燃烧段的烟气都通过烟囱排出，其中 CO 含量 $100\sim150mg/m^3$（经催化转化后），NO_2 排放为 $300\sim350mg/m^3$，粉尘排放低于 $20mg/m^3$，满足当地排放管理要求。整个系统没有液体排放，固体废弃物则只有气化炉燃烧段排出的飞灰，含碳率低于 0.5%（质量分数）。

Gussing 生物质气化 CHP 工程主要用于示范和实验，所以由人工操作运行。厂方和本地的林业联盟签订了长期供料合同，原料成本较高，但仍具有良好的经济性，这得益于当地较高的生物质能补贴。再次建设同样的工程，投资成本可降低 25%，通过自动化和运行优化，运行成本也会显著下降，使用成本更低的原料如木材加工废弃物也可以降低成本。

5.7.3.2　丹麦 Harboore 生物质气化 CHP 工程

Harboore 工程是丹麦第一个大型生物质气化 CHP 工程，由 Babcock & Wilcox Volund 公司负责建成。此项目最初目的是供热，由气化炉和锅炉组成。2000 年被改造成热电联供，增装了 2 台燃气内燃机组。系统主要参数和流程如表 5-5 和图 5-33 所示。

表 5-5　Harboore 生物质气化 CHP 工程主要参数

项　目	数　值	项　目	数　值	项　目	数　值
气化炉规模 /kW_{th}(上吸式)	5200	原料消耗 /$t \cdot h^{-1}$(干基)	1.2	发电效率/%	28
内燃发电机组 /kW_e	Jenbacher 320GS 2×768	电力输出 /kW_e	1400	热效率/%	65
原料含水率 /%	35~55	热力输出 /kW_{th}	3400	总效率/%	93

Harboore 气化炉直径约 2.5m，高约 8m，配备旋转炉排和水封，气化炉顶部装备了缓慢旋转的叶轮，用于控制进料和调节负荷。当燃料含水率低于 10% 时，

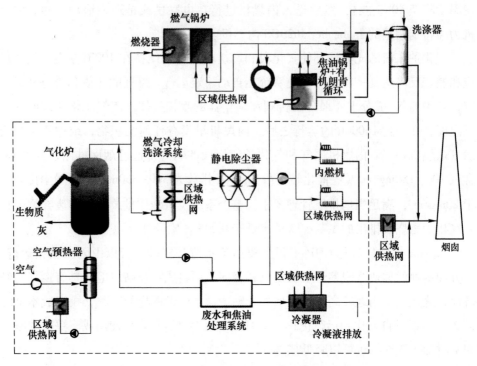

图 5-33   Harboore 生物质气化 CHP 工程流程示意图

气化炉的功率可超过 7000kW$_{th}$。65℃的饱和湿空气被过热到 150℃后通入炉膛作为气化介质。气化炉出口的粗燃气通过区域供热网的 2 个管壳式换热器后温度降至 45℃，同时除去大部分焦油和灰尘，再通过静电除尘器，焦油和灰尘含量均可降至 25mg/m^3 以下，温度则降到 40℃左右，能满足内燃机的运行要求。

当内燃机满负荷运行时，净化系统排出约 1200kg/h 的废水，经油水凝聚分离器处理，可获得 100kg/h 热值约 27MJ/m^3 的重焦油，这些重焦油被储存在加热的油罐里，用于锅炉燃烧，也可重新注入气化炉反应区或用另外一个小型气化炉气化。重焦油回收剩下的 1100kg/h 废水用 TARWATC 工艺（见图 5-34）净化后，苯酚含量低于 0.15mg/m^3，总有机碳 TOC 低于 15mg/L，pH 值为 6.9~7.0，满足排放环保要求；同时能分离回收 100L/h 热值约 14MJ/m^3 的轻质焦油。这些轻质焦油可注入气化介质生产系统，或在小型气流床中气化。由 Babcock-Wilcox Volund 公司开发的轻质焦油气流床气化技术中试运行成功，目前正应用于 Harboore 工程。

Harboore 生物质气化 CHP 工程总投资约 550 万美元，其中，丹麦能源机构补

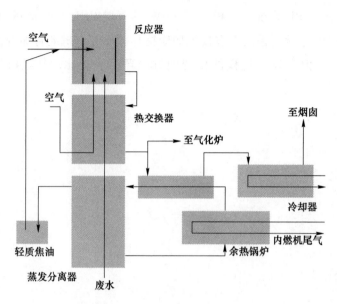

图 5-34 TARWATC 除焦工艺

贴了约 350 万美元，另外有约 200 万美元的研发经费。整个热电厂由 2 人负责操作运行，年运行时间超过 8000h，累计运行时间已超过 80000h。

在欧洲发达国家，生物质气化 CHP 主要用于区域供热。由于建筑物保温材料和其他节能手段的使用，区域供热量在减少，单纯的集中供热系统的经济性受到限制，用生物质 CHP 进行替代能提高区域供热的经济性。

有学者对基于燃烧和气化的生物质分布式 CHP 系统经济性进行了比较。选取了具有一定代表性的 5 个直燃和 4 个气化实例工程进行分析，根据德国 VDI2067 经济分析指导原则进行，发电投资成本采用如下方法计算：所考察 CHP 系统的投资成本和具有相同供热规模的常规生物质直燃热水锅炉系统的投资成本之差。因为分布式生物质 CHP 系统主要功能为供热，发电只是供热的补充，取决于增加投资的经济性，所以这种计算方法具有一定的合理性，能将 CHP 系统的发电成本和供热成本有效区分。发电和供热所承担的运行成本也采用同样的方法进行计算，CHP 系统寿命为 10 年，满负荷运行时间为每年 6000h。

生物质直燃 CHP 系统的发电成本为 0.1280~0.2195 欧元/kW_e，ST 5000 系统最低，STE35 系统最高；生物质气化 CHP 系统发电成本为 0.1853~0.2570 欧元/kW_e，UD-GasE+ORC 2076 系统最低，DD-GasE 600 系统最高。奥地利 2008 年的生物质上网电价为 0.1564 欧元/kW_e（<2MW_e）和 0.1494 欧元/kW_e（≥2MW_e），在

此政策下，气化 CHP 系统和规模小于 $1MW_e$ 的直燃 CHP 系统都难以得到推广。生物质气化 CHP 系统和采用先进技术如斯特林循环和有机朗肯循环的直燃 CHP 系统各有优劣，但和较大规模的传统朗肯循环系统相比，其经济性还有一定差距。

⑥ 生物质热解与炭化技术

生物质热解和炭化是世界生物质能研究的前沿技术之一。它们可以通过连续工艺和工业化生产方法，将主要由木屑组成的生物质转化为易于储存、运输、能量密度高、使用方便的优质替代液体燃料（生物油）。它们不仅可以直接用于现有锅炉和燃气轮机设备的燃烧，而且可以进一步改进，使液体燃料的质量接近柴油或汽油等传统动力燃料的质量，还可以从中提取商业化学产品。与传统化石燃料相比，生物油可以被认为是 21 世纪的绿色燃料，因为它的硫和氮等有害成分非常小。❶

6.1　生物质热化学转化

热化学转化技术包括燃烧、气化、热解和直接液化。转化技术与产品之间的关系如图 6-1 所示。热化学转化技术的主要产品可以是某种形式的能量载体，如木炭（固体）、生物油（液体）或生物质气体（气体）或热量。这些产品可以通过不同的实用技术使用，也可以通过额外的工艺转化为二次能源进行利用。

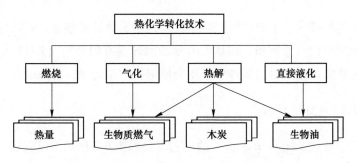

图 6-1　热化学转化技术与产物的相互关系

生物质热解、气化和直接液化技术都旨在获得高质量的液体或气体燃料和化

---

❶ 李国翔. 木质纤维素类生物质热裂解机理研究［D］. 杭州：浙江大学，2020.

学产品。由于生物质和煤的相似性，它们最初来源于煤化工（包括煤的碳化、气化和液化）。❶

6.2　生物质热解液化技术研究及开发现状

生物质烧炭是生物质在炭窑或烧炭窑中，通入少量空气进行热分解制取木炭的方法。木材干馏是将木材原料放置于干馏釜中，隔绝空气热解，制取醋酸、甲醇、木焦油抗聚剂、木馏油和木炭等产品的方法。❷生物质烧炭和干馏的主要原料为薪炭林、森林采伐剩余物（枝丫、伐根）、木材加工业的剩余物（木屑、树皮、板皮）、林业副产品的废弃物（果壳、果核）、稻壳以及生物质压缩成型棒状或块状燃料。碳化产物木炭用途极其广泛。在冶金行业，可用来炼制铁矿石，熔炼的生铁具有细粒结构、铸件紧密、无裂纹等特点，适于生产优质钢；在有色金属生产中，木炭常用做表面阻熔剂；大量的木炭也用于二硫化碳生产和活性炭制造；此外，木炭还用于制造渗碳剂、黑火药、固体润滑剂、电极碳制品等产品中。相比较，我国在这方面的研究起步较晚，自20世纪90年代初国内许多高校及科研单位开展了秸秆热解液化技术的研究。目前，秸秆热解液体燃料的技术还并不成熟，所以国内外正在加大力度进行深入研究和开发。

6.2.1　生物质热解液体燃料技术反应器

6.2.1.1　流化床反应器

流化床热解技术始于20世纪80年代，其主要目的是创造最佳反应条件，最大限度地利用生物质。例如，加拿大国际能源转换有限公司（RTI）建设的流化床技术快速热解示范项目以各种生物质为原料，产量为50~100kg/h。

6.2.1.2　烧蚀反应器

烧蚀反应器（ablative reactor）的工艺流程如图6-2所示。反应器的工作原理是通过外部提供的高压以相对于反应器表面相对较高的速率（>1.2m/s）移动和分解生物质颗粒。反应器的表面温度低于600℃，生物质颗粒通过一些倾斜的叶

---

❶❷　田宜水．生物质热解炭化技术研究进展与展望［C］// 2014中国（国际）生物质能源与生物质利用高峰论坛（BBS 2014）．

片压在金属表面。在600℃时，产生77.6%的生物原油、6.2%的天然气和15.7%的木炭。与其他反应器相比，反应过程的限制因素是加热速率而不是传热速率，因此可以使用较大颗粒的原料。❶

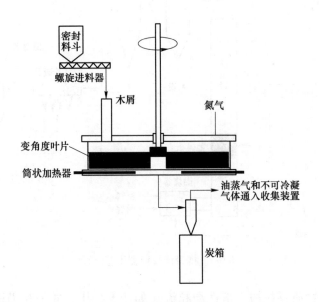

图6-2 烧蚀反应器工艺流程

6.2.1.3 携带床反应器

携带床反应器（entrained flow reactor）工艺流程如图6-3所示，由美国乔治亚理工学院开发。由于气体和固体之间的传热问题，这项技术的进一步发展受到限制。

6.2.1.4 旋转锥反应器

旋转锥反应器（rotating cone reactor）是一种能够最大限度地生产生物油的新型秸秆热解反应器。除秸秆热解外，旋转锥反应器还可用于页岩油、煤、聚合物和渣油的热解。

旋转锥反应器由荷兰特文特大学于1989—1993年成功开发。最初，实验室规模的小型装置以10kg/h的秸秆进料速率实现了高达70%（质量分数）的生物

❶ 李国翔. 木质纤维素类生物质热裂解机理研究［D］. 杭州：浙江大学，2020.

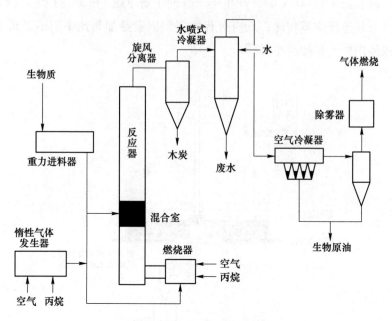

图 6-3　携带床反应器工艺流程

油产量。将生物质颗粒加入惰性颗粒流（如沙子）中，并一起扔进加热的反应器表面进行热解反应。同时，它们沿着高温的锥形表面螺旋上升，木炭和灰烬从锥形顶部排出。其工作原理如图 6-4 所示。在 600℃ 的反应温度下，产生 60% 的液体产物、25% 的气体和 15% 的木炭。[1]

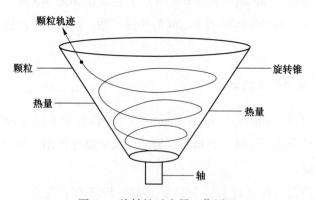

图 6-4　旋转锥反应器工作原理

❶　卢红伟. 生物质催化热解实验研究［D］. 沈阳：沈阳航空工业学院，2009.

从图 6-4 中可以看出，沙子、木炭和未转化的秸秆被收集到反应器周围的死容积中。反应器的旋转锥顶角为 π/2，最大直径为 650mm。热解产物为生物油、不凝性气体和木炭。如有必要，可以堵塞旋转锥内的一些空间，以减少旋转锥内气相体积，从而缩短反应器中气相的保留期。这可以抑制生物油在气相中的二次热解反应，达到提高生物油产量的目的。

旋转锥反应器秸秆闪速热解液化装置组成如图 6-5 所示，该装置包括喂入、反应器、收集三个主要部分。喂入部分由 N₂ 喂入装置 1，物料（木屑）喂入装置 2 和砂子喂入装置 4 组成。●预粉碎的秸秆由给料机输送到反应器，在给料机和反应器之间引入一些 N₂，以加速秸秆颗粒的流动并防止其堵塞；同时，预热后的砂子也被输送到反应器中。送入反应器中旋转锥底部的秸秆和预热的惰性载热砂沿高温锥壁呈螺旋状上升。在上升过程中，热砂将热量传递给秸秆，使其在高温下热解并转化为热解蒸汽。这些蒸汽迅速离开反应器以抑制二次热解。收集部分由旋风分离器 7、热交换器和冷凝器 9 以及砂和木炭接收砂箱 5 组成。离开反应器的热解蒸汽优先进入旋风分离器 7，在那里分离固体碳。然后，热解蒸汽进入冷凝器，大部分蒸汽在冷凝器中冷凝形成生物油。产生的生物油在冷凝器和热

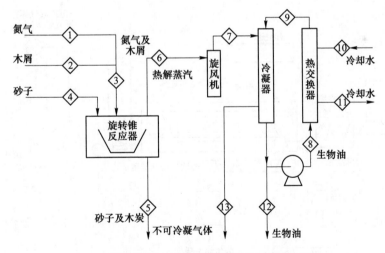

图 6-5　旋转锥反应器秸秆闪速热解液化装置组成

❶ 刘荣厚，鲁楠 . 旋转锥反应器生物质热裂解工艺过程及实验［J］. 沈阳农业大学学报，1997，28（4）：307-311.

交换器中循环，其热量被冷却水 10 带走。最后，生物油从循环管道中释放出来。不凝性热解蒸汽排出并燃烧。用过的砂子和另一部分产生的碳被收集到与反应器下端相连的收集砂箱中，砂子可以重复使用。需要注意的是，在商业装置中，将燃烧不凝热解蒸汽和木炭来加热反应器，以提高系统的能量转换效率。

6.2.1.5　真空移动床反应器

真空移动床反应器（vacuum moving reactor）Christian Roy 博士和他的研究团队是第一个开展这项研究工作的人。在干燥和破碎之后，生物质原料通过真空进料机进料到反应器中。原料在水平平板上加热和移动，产生热解反应。用熔盐混合物加热板，并将温度保持在 530℃。热解反应产生的蒸汽-气体混合物通过真空泵引入两级冷凝装置，不凝气体引入燃烧室进行燃烧。释放的热量被用来加热盐。冷凝的重油和轻油被分离，剩余的固体产物离开反应器后立即冷却，工艺流程如图 6-6 所示。反应产物为 35% 的生物原油、34% 的木炭、11% 的天然气和20% 的水。[❶]

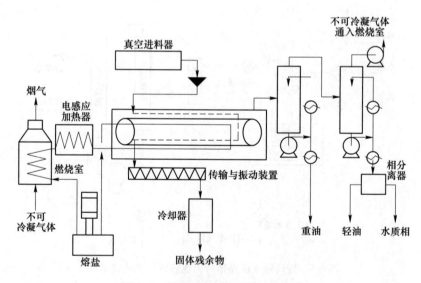

图 6-6　真空移动床反应器工艺流程

❶　卢红伟. 生物质催化热解实验研究 ［D］. 沈阳：沈阳航空工业学院，2009.

6.2.2　生物质热解液化产物——生物原油

6.2.2.1　生物原油的燃料特性

生物原油是由复杂有机化合物的混合物所组成，这些混合物分子量大且含氧量高，主要包括醚、酯、醛、酮、酚、醇及有机酸等。不同生物质的生物原油其主要成分的相对量上都表现出相同趋势。

（1）外观。典型生物原油是咖啡色易流动液体。由于热解原料和热解方式的不同，生物原油的颜色由全黑、棕红色到深绿色，通过热蒸汽过滤出炭时，呈现出半透明的棕红色，含氮率高时则表现出深绿色。❶

（2）掺混适应性。该指标是表示不同的液体燃料掺混时产生分层和沉淀倾向的指标，某些燃油掺混时可能产生沉淀物、沥青、含蜡物或胶状半凝固物等堵塞管路和油过滤器。生物原油不能与石油衍生物相混合。

（3）相对密度。液体燃料的密度通常表示为相对值，通常以液体燃料在20℃下的密度与纯水在4℃时的密度之比。生物原油的相对密度大约为1.20，柴油的相对密度大约是0.85。这就意味着生物原油相当于含有40%相同质量或60%相同体积燃油的热量，这对设计使用生物原油的设备（例如泵）是极其重要的。

（4）黏度。液体流动时内摩擦力的量度叫黏度，黏度值随温度的升高而降低，是影响液体燃料雾化质量的主要因素。随着含水率的变化，生物原油的黏度可达25~1000mPa·s，对运输、存储和应用有着较大的影响。

（5）热稳定性。它表示液体燃料在某一温度下发生分解并产生沉淀物倾向的指标，热稳定差的燃油易产生析炭和胶状沉淀物，从而堵塞油过滤器与油嘴。当将生物原油加热到100℃以上时会析出大约占原有质量50%的木炭，因此在加热状态下生物原油并不稳定。所以，将其一般保存在室温状态下。另外，在室温状态下，生物原油也有可能极其缓慢地发生上述变化。

生物原油化学稳定性较差，含水量和含氧量都较高，影响了作为燃料的使用，它较低的碳氢比限制了碳氢化合物生成。因此，需要改善生物原油的物理和化学特性，提高稳定性，即所谓的重整。重整的目的是降低含氧量。主要方法为

---

❶ 李善玲. 生物油与石油馏分共炼制结焦机理的研究［D］. 上海：华东理工大学，2014.

加氢裂解和蒸汽催化裂解。

　　加氢重整是指生物原油在较高压力和较高氢分压条件下，在催化剂的作用下将氧转化为水，同时将大分子化合物裂解为小分子，反应中催化剂可采用硫化的 CoMo 或 NiMo/Al$_2$O$_3$。蒸汽催化裂解是一个脱水和脱羧基的过程，在 450℃ 和常压下进行，将氧转化为 H$_2$O、CO$_2$ 或 CO。目前有关技术的可行性并未得到完全证明，而且加氢裂解和蒸汽催化裂解也面临着许多问题。

6.2.2.2　生物原油的应用

　　生物原油可以替代燃油在固定场所（例如锅炉、窑炉、发动机及涡轮机等）工作，进行发电或供热，如图 6-7 所示。近些年来，生物质快速热解技术在国外发展速度较快，主要集中于试验和示范应用阶段。例如，在英国将 Om-rod 柴油机调整的 250kW 双燃料柴油发动机，在加拿大将 Orenda 调整的 2.5MW 燃气轮机试验使用生物原油，运行状况良好。通过生物原油的重整，可以获得运输燃料，但目前阶段在经济上并不可行。

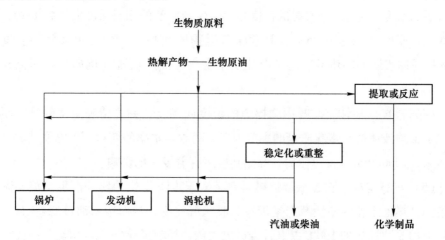

图 6-7　生物原油的主要用途

生物原油也可以提取或衍生包括食品调味料、合成树脂及肥料等多种化工制品。[1]例如，美国国家可再生能源实验室（NREL）成功地从生物原油中提取合成树脂（pbenol-formaldehyde resin），已通过独立的实验室的检测，准备进行进一步商业开发。另外，通过蒸汽催化重整生物原油可以获取氢。

---

❶　王敏，姜洪涛，杨运财，等．生物质热解液化的研究进展［J］．现代化工，2007（S2）：74-77.

由于生物原油具有易于存储和运输等优点，解决了生物质分散、能量密度低等问题，具有一定的发展空间。但是，大规模的快速热解设备初投资较高，缺乏足够的实际运行经验，生物原油重整技术并不完善，没有相应的产品标准，制约了生物质快速热解技术的实际应用。而且，生物原油较高的成本在目前情况无法与化石燃料相竞争。

6.3　生物质炭化技术

生物质炭化技术是将生物质原料置于炭化设备内，通入少量空气进行热分解制取木炭的方法，是热解的一种形式。基于炭化工艺的不同，炭化可分为烧炭和干馏。生物质炭化的主要原料为薪炭林、森林采伐剩余物（枝丫、伐根）、木材加工业的剩余物（木屑、树皮、板皮）、林业副产品的废弃物（果壳、果核）、稻壳以及生物质固体成型棒状或块状燃料。炭化的产物木炭用途极其广泛。除取暖和作为生活燃料外，在冶金行业，可用来炼制铁矿石，熔炼的生铁具有细粒结构、铸件紧密、无裂纹等特点，适于生产优质钢；在有色金属生产中，木炭常用做表面阻熔剂；大量的木炭也用于二硫化碳生产和活性炭制造；此外，木炭还用于制造渗碳剂、黑火药、固体润滑剂、电极碳制品等产品中。

6.3.1　木炭的性质

木炭基本成分见表 6-1。木炭中主要成分除 C 元素外还有 H 和 O 等元素。各种元素含量多少，依赖于热解方法和炭化最终温度，与原料种类无关。随着炭化最终温度的升高，木炭中 C 元素的含量增加，氢和氧的含量降低。[1]

表 6-1　木炭的基本成分（干基）

木炭名称	水分/%	C/%	H/%	O+N/%	灰分/%
白炭	—	90~96	0.1~2.4	2.00~6.57	1.04~3.66
黑炭	—	79~94	1~3	3.03~9.44	0.91~3.80
间歇式炭化窑木炭	2.5	80.00	3.50	15.50	1.00
连续式炭化窑木炭	4.0	85.00	3.20	11.00	0.80

（1）固定碳。通常将木炭放入白金坩埚内，在喷灯火焰中，温度为 900℃下

---

❶ 樊秦亚. 生物质炭的田间老化过程与机制研究 [D]. 镇江：江苏大学，2020.

煅烧 5min，或在电炉内加热 2.5h 将温度升高到 900℃来测定其固定碳的含量。由于热解方法和炭化最终温度不同，木炭中可能含有 70%~86%的固定碳。随着煅烧温度的升高，木炭中固定碳的含量将会增加，其含量范围见表 6-2。

表 6-2　炭化最终温度与固定碳含量的关系

炭化最终温度/℃	400	450	500	550	600	700	800	900
C 含量/%	69.3	73.0	78.8	87.2	88.7	94.4	97.1	97.7

（2）挥发分。挥发分的测定方法是将木炭试样放置在坩埚内，温度为 850℃ 的马弗炉中隔绝空气加热 7min。当炭化温度在 300~700℃之内时，随着温度的升高，木炭中所含的 CO_2、CO 和 CH_4 含量逐渐降低，而 H_2 含量逐渐增加。

（3）灰分。木炭中的灰分一般为无机物，在木炭完全燃烧后，剩余呈白色或淡红色的物质。木炭中的灰分含量及其组成与炭化最终温度、原料种类和组分等因素有关。炭化最终温度越高，灰分含量越大，典型的灰分含量见表 6-3。

表 6-3　几种木炭的灰分含量

原料	桦木	山毛榉	千金榆	硬阔	混合阔	松木
灰分/%	2.78	2.42	2.18	2.71	2.45	0.75

（4）发热量。木炭的发热量与 C 含量有关，当 C 含量高时，其发热量也高。普通的无定形碳的发热量为 34.045kJ/kg，木炭中含有杂质，发热量略低，白炭的发热量约为 32.76kJ/kg，黑炭约为 27.30kJ/kg。

6.3.2　烧炭的工艺设备

烧炭在我国已有 2000 年以上的历史。在我国长沙马王堆出土的汉墓中，发现木炭层厚 30~40mm，约 5000t，说明我国早在公元前 100 多年前，已经开始生产木炭。唐朝著名诗人白居易曾在《卖炭翁》中描述道"卖炭翁，卖炭翁，伐薪烧炭南山中。满面尘灰烟火色，两鬓苍苍十指黑"。表明了烧炭作坊在当时已经是相当普遍。表 6-4 给出了几种常见的炭化设备的性能特点。

表 6-4　常见炭化设备的性能特点

名　称	原　料	基　本　特　征
炭窑	薪炭材	炭窑烧炭是最简单的一种木材热解方法，采用筑窑烧炭法，由炭化室、烟道、燃烧室和排烟孔等组成，得炭率为 25%，周期 3~7 天。其中，使用闷窑熄火得到的为黑炭，在窑外熄火得到为白炭

名 称	原 料	基 本 特 征
移动式炭化炉	薪炭材	为克服筑窑烧炭劳动强度大、受季节影响等因素而设计，由2mm钢板焊接而成，由炉下体、炉上体和顶盖叠接而组成。得炭率为25%左右，周期24h
果壳炭化炉	果壳	果壳经风选，送至炉顶的加料槽，分别通过预热段、炭化段、冷却段从卸料器出料，得炭率为25%~30%，周期4~5h，灰分小于2%，挥发分8%~15%
流态化炉	木屑等粉状或颗粒原料	为立式圆筒或圆锥形的炉体，用螺旋加料器从下部送料，从底部吹入空气作为流态化气体，使原料进行流态化炭化，得炭率为20%

下面以移动式炭化炉为例介绍一下烧炭工艺。如图6-8所示，移动式炭化炉由上、下炉体、风孔、烟道、炉盖及点火架等组成。底部设有距地面高200mm的炉栅，中央竖一个点火通风架，顶盖上设点火口，可用盖子封闭。上、下炉体和炉盖用2mm的钢板焊制而成，一般容积为2m³左右，每炉可装入成型燃料棒15t。[●]

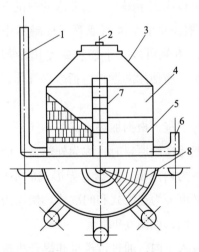

图6-8 移动式简易炭化炉

1—烟道；2—点火口；3—炉盖；4—上炉体；5—下炉体；6—风机；7—点火架；8—炉栅

● 何元斌. 生物质压缩成型燃料及成型技术（三）[J]. 可再生能源，1996（1）：14-16.

进行炭化生产时，首先将成型的燃料棒垂直排列在炉内。在填充原料后，盖上炉盖，并用黏土（或其他密封材料）密封上下炉体与炉盖之间的连接。同时，将四根直径为 100mm、高度为 1.5m 的烟道和四根通风管与炉体紧密连接。然后，从点火口喷射点火，并连续添加燃油（或预装燃油）。当烟道口温度达到 60℃或以上（感觉很热）时，关闭点火口，烟道会冒出浓浓的白烟。3~4h 后，炉中原料的干燥阶段结束，烟道中的烟气从白色变为黄色。此时，通风开口需要逐渐关闭。再过 6~8h，当通风口出现火焰，烟道开始冒出绿色烟雾时，即为碳化的终点。此时，炉子上部的温度达到 600℃左右，下部的温度在 450~470℃之间。此时，通风管被拆除，孔口被沉积物堵塞。大约 0.5h 后，拆下排烟管。用砂子堵住并窒息。大约 10h，将炉温冷却至 50~60℃，即可生产出碳。这种炭化方法的优点是采用自燃法，操作简单，节能，炭化炉成本低，适合小型企业和专业家庭使用。

6.3.3　干馏的工艺流程

干馏的工艺流程包括干燥、干馏、气体冷凝冷却、木炭冷却和 Hydronics。原料可以自然干燥，也可以人工干燥，一般要求原料的含水量小于 20%。原料干馏产生的蒸汽-气体混合物在焦油分离器或管式冷凝器中冷凝冷却，将可冷凝蒸汽冷凝成木乙酸和焦油。木炭可以在干馏炉或专用冷却设备中冷却。Hydronics 可以为木材碳化提供热量。所使用的燃料包括木材气体、通过木材碳化产生的气体或煤。❶

原料蒸馏设备又称蒸馏釜，根据加热方式的不同，可分为内部加热型和外部加热型。当热量通过釜壁传递给原料时，称为外热型，而原料通过热载体进入釜内并与木材直接接触，称为内热型。根据水壶形式的不同，可分为卧式和立式，根据操作方法的不同，又可分为连续式和间歇式。使用内部加热立式蒸馏釜进行生物质干馏的工艺流程示例，如图 6-9 所示。

工艺材在料场成捆装入车内，通过传送机和提升机送至干燥器进行干燥，干燥的热源为木煤气。干木段间歇出料，由传送带和提升机送至干馏釜。干馏釜是半连续方式工作的，原料在其中干燥、炭化、煅烧和木炭冷却。用木煤气燃烧产生的热烟气载热体，在开始启动或低负荷运行时可使用煤气作为辅助燃料。随着

❶　苏环. 秸秆干馏技术［J］. 农家致富，2017（10）：44-45.

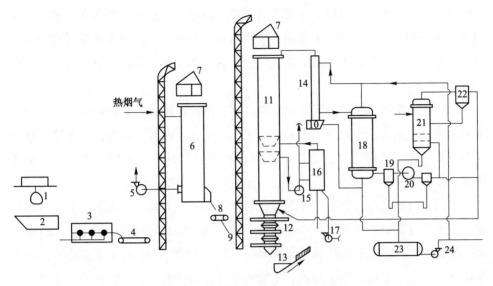

图 6-9 连续立式干馏釜工艺流程

1—原料；2—料仓；3—断材机；4，8—传送带；5—烟道气风机；6—干燥机；7—水封；

9—斗式提升机；10—焦油水封；11—干馏釜；12—闸门阀；13—木炭提升机；14—前冷凝器；

15—吸风机；16—燃烧室；17—鼓风机；18—冷凝、冷却器；19—雾滴捕集器；20—风机；

21—泡沫吸收器；22—旋风分离器；23—木醋液收集；24—泵

炭化进程，向干馏釜的下部送入冷的不凝缩性气体，用来冷却木炭，亦可回收部分热量，木炭经提升机送入木炭库。干馏产生的蒸汽-气体混合物和热载体从干馏釜上部引出，通过前冷凝器和管式冷凝器与热解酸分离，收集在热解酸储罐中。不凝性气体由风机送至泡沫吸收器，甲醇等低沸点组分用水吸收，气体冷却至 20~30℃，经鼓风机冷却木炭，然后燃烧产生载热体。影响立式干馏釜产量的主要因素包括原料含水率、木材形态、加料速度、载热体温度和数量以及气体出口温度与压力等。其中，原料含水率和载热体温度的影响最大。一般每立方米的木材可以得到 137kg 木炭、37kg 醋酸和 65kg 焦油。

6.4 生 物 炭

生物炭是指生物质（如农作物秸秆、稻壳、木屑等）在缺氧及低氧环境中经热解后的固体产物，大多为粉状颗粒，是一种碳含量极其丰富的炭。在农业领域，农业废弃物生物炭的转化和应用，作为一种增加农业碳汇、减少排放的技术途径，其研发价值不断发展，主要作为土壤调理剂、肥料缓释载体和固碳剂。生物质的热解和气化可以产生生物炭、生物油和混合气。生物油和天然气混合物可以升级并加工成氢气、生物柴油或化学品，这有助于减少对化石燃料或原材料的依赖。

　　由于生物炭可以稳定固定碳元素数百年，因此矿化后很难分解碳元素。为了应对全球气候变化，生物炭正成为人们关注的焦点。许多人认为，在土壤中添加生物炭是一种"减缓气候变化"的策略，也是恢复退化土地的一种方式，但仍存在一些争议。❶

　　巴西亚马孙盆地分布着一种深厚、富碳、肥沃的土壤，与周围贫瘠、低有机酸的土壤有着显著的不同。第一个记录这种"黑色但非常肥沃的土壤"的学者是一位美国地质学家和探险家 JamesOrton，他在 1870 年出版的《亚马孙与美洲原住民》一书中对此进行了描述。生物炭不是普通的生物炭。它在低氧环境中通过高温热解将农业残留物碳化。它是用于固定碳元素的碳。传统上，木材和农作物秸秆在缺氧的环境中燃烧以获得木炭（一种生物炭），用作燃料。生物炭的典型物理性质见表 6-5。

表 6-5　生物炭物理特性

颜色	表面积/$m^2 \cdot g^{-1}$	容重/$g \cdot cm^{-3}$	密度/$g \cdot cm^{-3}$
黑色	750~1360（大孔隙） 51~138（小孔隙）	0.3~0.7	1.5~1.7

注：大孔隙>100μm，小孔隙<100μm。

具体理化特性详见表 6-6。

表 6-6　不同种类生物炭理化特性

种　类	挥发分	灰分	固定碳/%	热值/$MJ \cdot kg^{-1}$
稻秸炭	14.17	34.16	51.67	17.68
玉米秸炭	14.55	35.72	48.84	19.51
松木炭	12.46	3.27	84.27	30.76
竹炭	11.92	5.22	82.86	29.14

注：炭化温度500℃。

❶ 袁艳，田宜水，赵立欣，等. 生物炭应用研究进展 [J]. 可再生能源，2012 (9)：45-49.

"碳中性"（Carbon Neutral）是指计算二氧化碳的排放总量，然后通过植树等补偿方式把这些排放量消化掉，不给地球增加额外温室气体排放（主要包括二氧化碳、甲烷等）的负担，达到环保的目的。植物通过光合作用固定大气中的CO_2，50%用于自身呼吸，另外50%通过植物残体形式归还土壤，经过微生物的作用释放到大气中，称为"碳中性"。如果植物残体通过高温热解生成生物炭后（25%~35%），将之归还土壤，由于生物炭具有高度的化学稳定性和惰性，约只有5%的碳经过微生物作用排放到大气中，剩余20%~30%的碳将封存在土壤中，产生碳的净吸收，称为"碳负性"。

生物炭在农业中的应用是指将生物炭颗粒添加到土壤中或含有细菌、肥料或与其他材料混合的功能性生物炭复合材料。其主要功能包括改良土壤、增加土壤肥力、改善植物生长环境、提高土地生产力和产品质量。

在许多情况下，将生物炭添加到土壤中会刺激微生物分解非生物炭的有机物。科学家们已经证明，这将增加土壤中的碳损失。此外，生物炭可能会在土壤表面向大气排放"黑烟"，这也会加剧温室效应。

6.5 秸秆炭化技术

秸秆炭化技术是合理开发利用木屑、稻壳、花生壳、秸秆等，经粉碎、干燥、推棒，最后炭化生产木炭的新技术。它可以在减少污染和保护环境方面发挥作用。秸秆炭化技术的主要工艺流程如下：

原料筛选粉碎→热风干燥机干燥→木炭成形机成形→节能炭化炉炭化→冷却

具体分为4个过程：一是用粉碎机将秸秆粉碎成粉末；二是将粉末烘干；三是将粉末在高温300℃下，用成形机将其推成40cm×2.6cm×2.6cm的六棱柱形棒，每根棒质量为1kg；四是将六棱棒装入炭化炉隔绝空气炭化。

我国每年都会产生将近10亿吨的秸秆，目前秸秆利用途径有肥料化、饲料化和能源化等，秸秆炭化是近年来新兴的秸秆再利用方式，炭化后的秸秆既可以做燃料也可以用于工业，甚至是作为生物炭施用于土壤。秸秆炭化先要将秸秆进行初步的粉碎，使秸秆长度达到3~5cm便于进料，粉碎后的秸秆就可以进行炭化了。❶

---

❶ 捷恒机械.郑州市捷恒机械设备有限公司.http：//www.hnjhjx.cn/new/new-22-326.html.

　　炭化机则是秸秆炭化的专用设备，它采用"一火两步法"进行炭化，粉碎后的秸秆在炭化机内经过四个步骤之后就够炭化完成了，第一步是干燥阶段，炉内温度在 120~150℃，这一过程主要是将原料中的水分进行蒸发；第二步是预炭化阶段，这个时候炉内温度上升至 150~275℃，秸秆开始热解反应，半纤维素会分解成为二氧化碳和一氧化碳以及乙酸等；第三步是炭化阶段，秸秆进一步的热解，会有大量的可燃气体产生，同时产生还有木焦油和木醋液，这个阶段炉内温度在 275~450℃；第四步是煅烧阶段，温度达到 450℃ 以上，依然需要大量的热量来煅烧秸秆碳，排出残留的挥发物质，提高秸秆碳的固定碳含量。

　　秸秆炭化还田是指将秸秆制成生物炭施用于土壤，秸秆制成碳基肥料是近两年来才出现在市场上的一种新型肥料，目前有碳基有机肥和碳基有机无机复混肥两种生物质碳基肥料。炭化后的秸秆孔隙发达，碳含量非常高并且稳定，施用于土壤后，其强大的孔隙可以有效提高土壤保水保肥能力，提高土壤碳含量而且不易挥发，是非常好的土壤改良剂和肥料缓释材料。在秸秆炭化产生的副产品木醋液是非常好的植物生长促进剂，与生物炭配合使用效果非常好，生物炭和木醋液配合普通肥料使用，其效果要比普通肥料好很多。

7 生物质液化技术

目前，在交通运输领域占统治地位的依然是液体燃料。液体燃料的优点是易于储存。交通燃料被分为两大类：基于原油和天然气的化石燃料和可再生资源生产的生物燃料。本章重点就生物质液化技术进行讨论。

7.1 燃料乙醇概述

全世界都在面临着能源危机，同时，以石油为原料的液体燃料燃烧后排放的废气引起的环境污染也是人类面临的一大问题。

7.1.1 生物质燃料乙醇的定义

燃料乙醇是指未加入变性剂，可用作燃料、部分或全部替代化石燃料（汽油、柴油等）的无水乙醇。它可以作为汽油的增氧剂，提高汽油的抗爆性能。生物质燃料乙醇则是以农作物废弃秸秆、枯枝落叶等木质纤维素材料，或以玉米、甘蔗等淀粉类与糖类材料为原料生产得到的燃料乙醇。燃料乙醇中加入变性剂，变性剂添加比例（100∶2）~（100∶5），之后以一定比例与汽油混合，可用作车用乙醇汽油。中国车用乙醇汽油国家标准规定10%的车用乙醇汽油含水量应低于0.15%；密度应控制在 $0.789 \sim 0.792g/cm^3$ 范围内（20℃室温下）；同时规定乙醇中不得人为添加其他含氧类化合物。

7.1.2 生物质燃料乙醇的特性

与传统汽油相比，燃料乙醇具有诸多优良的燃烧特性。具体表现为高辛烷值、高燃烧界限、高火焰传播速度等。燃料乙醇不仅可作为优良的燃料添加剂，亦可作为汽油机、柴油机等发动机的代用燃料。总的来说，燃料乙醇的具体用途有两种：其一是作为汽油、柴油等燃油的"增氧剂"，改善燃料的燃烧水平，燃料乙醇的添加可使得燃油的内氧增加，使燃烧更加充分；其二是作为内燃机材料，部分或全部代替汽油等燃油作为清洁燃料使用。高辛烷值的燃料乙醇可作为防爆剂，大大减少汽油等化石燃料燃烧而带来的环境污染问题；燃料乙醇的使用亦可降低原油冶炼过程中产生的芳烃、烯烃含量，从而降低炼油厂的改造费用。更重要的是，以生物质作为生产原料而得到的燃料乙醇，在继承上述燃料乙醇优良特性的同时，实现了太阳能到生物能到化学能再到太阳能的无污染闭路循环。

7.1.3　生物质燃料乙醇的研究现状

燃料乙醇一直是近年来各国的研究热点。据报道，2016 年全球生物燃料的生产总量约为 14610 万吨，其中燃料乙醇的生产总量占比达 54%。国际能源署推测，2050 年全球交通运输用液体燃料使用量将超过 2.75 亿吨，其中以生物质燃料乙醇的使用为主。美国、巴西、中国是燃料乙醇的生产与推广大国。据报道，2012 年，美国燃料乙醇的生产总量为 4027 万吨，占北美洲及中美洲燃料乙醇生产总量的 96.6%。美国也是最早推广燃料乙醇的国家之一，燃料乙醇的生产历史已近百年，至 2012 年，整个美国燃料乙醇生产厂已增至 211 座。作为燃料乙醇第一大生产国，自 2001 年起，美国政府就开始实施燃料乙醇生产鼓励政策，这也极大地推广了燃料乙醇在该国的发展。巴西作为燃料乙醇第二大生产国，是全球唯一不使用纯汽油作为燃料的国家。据报道，2011 年，巴西燃料乙醇的生产总量为 1665.2 万吨，占全球燃料乙醇生产总量的 25%。自 1975 年起，燃料乙醇在巴西的推广已有 40 余年，整个巴西拥有燃料乙醇生产企业更是超过了 400 多家。巴西燃料乙醇的成功得益于灵活燃料汽车的开发，此类型燃料汽车的利用可实现经济发展与环境保护的双赢。

近年来，燃料乙醇在中国的发展极为迅速。2005—2010 年间，中国燃料乙醇的总消耗量从 102 万吨增加至 180 万吨。据报道，2015 年，中国燃料乙醇的消耗量达到了 256 万吨。燃料乙醇在中国的发展也得到了政府的大力支持，"十一五"期间颁布的《可再生能源法》和"十二五"期间印发的《可再生能源发展规划》均在一定程度上推动了燃料乙醇在我国的发展。考虑到第一代生物质燃料乙醇的生产原料主要为粮食作物等淀粉质与糖类原料，生产成本巨大，为了保障充足的燃料乙醇生产原料，同时兼顾人均粮食需求量，《可再生能源中长期发展规划》中明确规定，应合理利用非粮生物质类原料代替粮食原料生产第二代燃料乙醇，同时强调不再增加第一代燃料乙醇的生产量，从而实现生物质燃料乙醇的总利用量达到 1000 万吨的最终目标（2020 年）。在国家的大力支持下，众多企业诸如中粮生化能源、中国首钢集团等均积极开展生物质燃料乙醇的示范项目，同时国内诸多企业诸如中国石化、华立集团等也在积极寻求与国外大型生物质燃料乙醇生产企业的合作。

7.2　基于不同原料的燃料乙醇生产制备技术

制造生物乙醇的原料主要有 3 类：第一类是淀粉原料，是制造生物乙醇的主要原料，约占各种生物原料的 80%，如玉米（占 35%）、薯类（占 45%）等；第二类是糖类原料，如蜜糖、蔗糖、甜菜、甜高粱等；第三类是纤维质原料，如树枝、木屑、工厂纤维质下脚料等。所谓一代燃料乙醇，是指以农作物的淀粉或糖作为原料，经水解及酒精发酵而生成的乙醇，最近美国称这种食物基生物燃料为"常规生物燃料"。而以非食物基及纤维素基的燃料称为"先进生物燃料"，其中，以木质纤维素为原料生产的燃料乙醇称为二代燃料乙醇。本节将分别举例进行介绍。

7.2.1　生物质燃料乙醇生产方法

生物质燃料乙醇的生产方法主要包括化学催化合成法（非发酵法）以及微生物发酵法等。

7.2.1.1　化学催化合成法

由葡萄糖经转化，生成 5-羟甲基糠醛等呋喃类中间体，或酮类中间体，转化生成的中间体经催化剂诸如氯化铬、铜等的催化氢解作用得到燃料乙醇。与传统的工业乙醇生产方法相比，化学催化合成法中燃料乙醇的生产原料广泛，包括污泥、固体废弃物，非粮木质纤维素生物质等。

7.2.1.2　微生物发酵法

生物质生产燃料乙醇的过程中需要发酵微生物的参与，自然界中存在诸多可分解糖分并产生燃料乙醇的微生物，主要包括酵母菌和细菌两大类。酵母菌中主要用于发酵的菌种有酿酒酵母、管囊酵母、树干毕赤酵母等。细菌中主要用于发酵的菌种有高温厌氧细菌、絮凝性细菌和运动发酵单胞菌等。在选择最适微生物生产燃料乙醇的过程中，应优先选择具有繁殖速度快、发酵性能强、抗菌能力好、耐酸碱、耐高糖以及耐乙醇等特点的微生物。

微生物可通过自身复杂的生理、生化反应代谢可发酵性的糖类（主要为单糖或双糖物质），使其转变成为生物质燃料乙醇。其中，酵母细胞主要通过 EMP 途径分解预处理阶段产生的葡萄糖等己糖，得到产物乙醇并产生 ATP，用于供应自身生长所需能量。其他糖类则需要通过更加复杂的代谢途径产生乙醇以及其他代谢产物。葡萄糖到生物质燃料乙醇的理论转化率为 $0.51g/g$，由于木糖转化过程中会产生大量的副产物，理论转化率相对较低，仅占葡萄糖转化率的90%。

目前发酵所用主要菌种及其具体发酵性能如下所述。

（1）发酵法生产乙醇。按生产所用主要原料的不同，发酵法生产乙醇又分为糖类原料生产乙醇、淀粉质原料生产乙醇、纤维素原料生产乙醇。用糖质原料可以直接发酵生产乙醇；用淀粉原料需要经过淀粉水解后再发酵产乙醇。而纤维素复杂的结构，使其水解要比淀粉难得多，因此需要对木质纤维素类原料先进行预处理，再通过水解的方法将其转化为糖，最后发酵产乙醇。发酵法生产乙醇的基本过程就是将原料转化为糖，而后经微生物发酵为乙醇醪液，最后提取出乙醇。这其中，微生物发挥着重要的作用。

（2）发酵用细菌菌种。运动发酵单胞菌是生物质燃料乙醇生产过程中应用较为广泛的一种运动性杆状细菌，该菌种属革兰氏阴性菌，对乙醇、葡萄糖和发酵过程中产生的抑制性物质有极强的耐受能力，其菌落形态呈规则、不透明状。运动发酵单胞菌具有高效的乙醇发酵酶系统以及其特有的葡萄糖降解途径，部分菌种的生物质燃料乙醇产率甚至高于酿酒酵母。然而，该菌种的发酵底物较为单一，仅能利用葡萄糖、果糖等己糖为主要碳源生产生物质燃料乙醇，难以利用半纤维素分解后产生的主要单糖——戊糖（主要为木糖）进行发酵，且发酵需在强碱性条件下进行，多副产物的产生也使得发酵液中乙醇的提取较为困难。故相较于酿酒酵母的使用，该菌种在工业上的应用相对较少。

大肠杆菌也被认为是生物质燃料乙醇生产过程中具有潜在应用价值的细菌菌种之一，其细胞中含有木糖发酵所需的酶系。然而大肠杆菌中乙醇发酵所需酶系的活性较低，因而，其最终产物复杂，难以得到较为纯净的高浓度乙醇，且大肠杆菌发酵时，对发酵液 pH 值要求较为严格，菌种较为敏感，易受周围环境中杂菌的污染，耐受能力较差等，均使得其工业化推广较为困难。

（3）发酵用菌种的选育。为了提高生物质原料的转化率，并最终获得高乙醇产率，研究者们构建了大量的工程菌株。这些工程菌株能综合发酵菌株的多种优良特性，诸如发酵底物种类多、耐高温、耐酸碱、生产效率高等。主要的菌种选育方法包括基因工程育种、诱变、筛选育种等。

目前，基因工程育种主要应用于酿酒酵母、运动发酵单胞菌等发酵菌种的改造，用于打破此类菌株对发酵底物应用的专一性，从而提高其木糖转化率，并提高最终生物质燃料乙醇的生产效率。基因工程育种的主要途径为外源优良基因的引进，或对目标发酵菌株基因的修饰。研究表明，通过基因工程将木糖发酵相关基因引入到运动发酵单胞菌中，可有效提高运动发酵单胞菌的木糖利用率，最终将乙醇的产率提高至理论产率的86%。

诱变、筛选育种主要应用于耐酸碱、高温和高浓度乙醇等酵母菌种的选育。此类菌种的应用可大大减少发酵过程中的能源投入，节省运行成本以及设备投资，对最终乙醇产率的提高意义重大。

（4）发酵用酵母菌种。酿酒酵母是发酵过程中最常用的菌种。传统的酿酒酵母具有较强的对环境胁迫的耐受能力，其细胞直径为 $5 \sim 10 \mu m$，呈卵形或球形，菌落形态较为平坦，有光泽。发酵过程中，酿酒酵母通过转化单糖诸如葡萄糖、蔗糖等将糖分转化成燃料乙醇。然而，该酵母只能利用己糖为主要碳源生产生物质燃料乙醇，难以利用半纤维素分解后产生的主要单糖——戊糖（主要为木糖）进行发酵，因而造成水解后原料的大量损失。如何发展可完全利用木质纤维素降解产物的酿酒酵母，从而降低生物质燃料乙醇的生产成本，也是酿酒酵母在生物质燃料乙醇生产过程中的应用瓶颈所在。

此外，管囊酵母和树干毕赤酵母也是生物质燃料乙醇工业化生产过程中较为常用的酵母菌种。然而，上述两种酵母菌种的发酵速率及对乙醇发酵过程中产生的发酵产物的耐受能力均远低于酿酒酵母，其工业化的应用仍需要进一步的研究。

7.2.2　一代燃料乙醇生产技术

一代燃料乙醇的原料主要是淀粉和糖。淀粉是一种营养储存态的多糖，集中于玉米、小麦等谷类作物的籽实或薯类的块根。淀粉分子是由葡萄糖基团聚合而成的，是多糖中最易水解的一种，需要经过水解和糖化为双糖和单糖后才能进行乙醇发酵。淀粉类原料和糖类原料的加工工艺基本相同，只是糖类原料较淀粉类原料少一道淀粉水解工序。糖类植物，如甘蔗、甜高粱、甜菜、菊芋等是在茎秆或地下块根、块茎中积存的单糖（葡萄糖和果糖）还有双糖（蔗糖），无需经过水解工序即可直接酒精发酵。

7.2.2.1　玉米原料生产生物质燃料乙醇

用淀粉质原料生产乙醇，其基本工艺环节有原料粉碎、蒸料、糖化曲制备、乙醇制备、乙醇发酵、蒸馏到产品。

玉米属于淀粉类生物质生产原料，在与微生物作用前，玉米原料首先需进行粉碎、糊化、液化等前期预处理，后经糖化过程，淀粉质成分被水解为单糖，并与微生物接触发酵最终生成生物质燃料乙醇。发酵液中产生的生物质燃料乙醇可通过蒸馏、萃取等过程提取。玉米原料生产生物质燃料乙醇的一般工艺流程如图7-1所示。

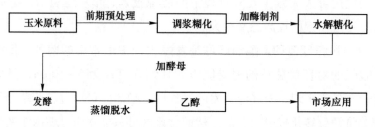

图 7-1　玉米原料生产生物质燃料乙醇的一般工艺流程

上述所示的玉米基原料生产生物质燃料乙醇工艺中，需要对原料进行调浆糊化处理，且糊化液需单独进行糖化处理以提高乙醇发酵率。调浆糊化以及水解糖化过程是此原料生产生物质燃料乙醇的重要耗能阶段，其能耗值占整个乙醇生产过程的 30%~40%。基于此种现状，生料发酵技术得以发展。生料发酵过程中，原料无需进行调浆糊化，以及独立糖化处理，而是将原料与发酵微生物直接加水混合，使之同时进行糖化、发酵产生物质燃料乙醇。通常用到的玉米生料为脱胚芽玉米粉，淀粉质量分数 70%~75%。将玉米粉与一定量的发酵微生物、水解酶以及蒸馏水置于发酵罐中，调节发酵罐中的 pH 值、温度等理化指标，使之同步进行水解发酵工序，再经精馏过程，得到较为纯净的无水生物质燃料乙醇。

注意，培养高质量的酵母是保证获得淀粉出酒率的基本前提，在实际生产中，要求酵母细胞形状整齐、健壮、无杂菌、芽孢多且降糖快的特点，还要检测酵母细胞数、酵母出芽率、死亡率、耗糖率、醪中酸度。乙醇发酵，要满足乙醇酵母的生长和代谢所必备的条件，有一定的生化反应时间，加强控制发酵产生的

副产物，并在蒸馏过程中提取，以保证乙醇的质量。乙醇提取与精制是通过蒸馏进行的。❶

7.2.2.2　甜高粱原料发酵生产生物质燃料乙醇

（1）甜高粱液态发酵生产乙醇。甜高粱茎秆汁液丰富，其中汁液中富含可发酵糖。甜高粱茎秆通过汁液提取，进行液态发酵生产乙醇是目前甜高粱乙醇生产的主要方式之一。其流程一般先清理甜高粱基秆去除叶子和鞘将茎秆破碎榨汁，汁液经过澄清调质等处理后，加入酵母进行发酵，最后获得所需的乙醇产品。甜高粱茎秆汁液因其富含可发酵糖的组分特征，相比传统的淀粉原料乙醇生产的液态发酵有很多特征性的区别。在本节内容中将对甜高粱茎秆汁液液态发酵生产乙醇的工艺原理进行详细的介绍。

1）甜高粱液态发酵乙醇坐成的生化过程。甜高粱汁液的乙醇发酵的生物化学过程是三种可发酵糖（蔗糖、葡萄糖、果糖）在酵母菌的乙醇发酵酶系统的作用下生成乙醇的过程。葡萄糖的乙醇发酵是在厌氧条件下进行的，它的全部生化过程中，从反应底物葡萄糖开始至生成中间产物丙酮酸止，这一段的葡萄糖分解代谢途径是葡萄糖在酵母细胞内无论进行无氧氧化分解还是进行有氧氧化分解都必须经历的共同反应历程，这一段反应历程称之为糖酵解或己糖二磷酸途径（Embden-Meyerhof Parnas pathway，EMP 途径）。在有氧条件下，EMP 途径是三羧酸循环、氧化磷酸化作用的前奏。而在无氧条件下，EMP 途径生成的丙酮酸，在不同的生物细胞中有不同的代谢方向，酵母菌在缺氧的条件下将丙酮酸转化成为乙醛，乙醛再转化成为乙醇，这称为乙醇发酵。酵母菌乙醇发酵过程是在各种酒化酶（酵母细胞中各种酶和辅酶的总称）的催化作用下发生的，共有 12 步生化反应。

2）甜高粱液态发酵生产乙醇的基本工艺。甜高粱作为一种典型糖类生物质原料，因其汁液中含有大量的可以直接被酵母等微生物用于乙醇发酵的原料。一般而言，甜高粱汁液的预处理程序主要包括，糖汁的制取。稀释酸化（最适的pH＝4.0～4.5）、灭菌（加热灭菌或药物灭菌）、澄清和添加营养盐（主要包括氮源、磷源、镁源，生长素等）。采用的发酵工艺和蒸馏工艺与常规的淀粉糖化

---

❶ 邓立康，武国庆，林海龙，等. 玉米燃料乙醇技术发展趋势与产业化应用［J］. 粮食与食品工业，2010（3）：6-9.

醪的乙醇发酵基本上相同，其基本工艺流程如图 7-2 所示。

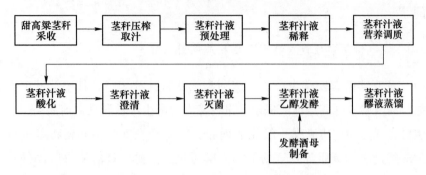

图 7-2 甜高粱茎秆汁液乙醇生产基本工艺流程

甜高粱茎秆的榨汁工艺和传统的甘蔗压榨取汁工艺基本相似，一般有两种方法，即压榨法和渗出法。这两种方法都要先将含有糖分的组织细胞加以破坏。然后分别采用多重压榨、多级喷淋或挤压把糖汁抽提出来。因此，各种方法所使用的设备及其工艺条件是有区别的。压榨法提汁是比较成熟的方法，所用的主要设备是三辊压榨机。渗出法造价低廉、动力消耗少、运行安全、维修管理简便，而且糖分回收率也很高。❶

甜高粱茎秆获取糖汁，主要通过甜高粱茎秆经压榨→汁液沉淀→过滤三大步骤获得糖汁。为了防止糖汁酸化，达到长期储存的目的，获取的糖汁一般需要浓缩到 75~86°Bx 之间。也可采用添加防腐剂等方法储藏甜高粱茎秆汁液。

浓缩汁稀释是为了降低糖浓度，使其适合于酵母生长，同时也是为了减少无机盐对酵母的影响。一般情况下根据所采用的发酵工艺要求，可以将糖汁稀释成一个浓度或者两个浓度的稀释糖液。较稀的糖液用于酒母的培养，称之为酒母稀糖液，较浓的则用于乙醇发酵，成为基本稀糖液。后来随着菌种性能的改良和生产工艺的改进，酒母培养和发酵采用同一浓度的稀糖液也可以达到良好的发酵指标，为了简化工业过程，发展形成了单浓度流程，而过去的那种生产方式称为双浓度流程。一般情况下单浓度流程的稀释糖液浓度为 22%~25%，而双浓度流程的酒母稀释糖液浓度为 12%~14%，基本稀释糖液浓度为 33%~35%。糖汁的稀释方法一般有间歇和连续两种。

---

❶ 陈蕾，鲍俊杰，王辰龙，等. 糖料加工中提高糖分抽出率有效途径的分析 [J]. 农产品加工（学刊），2013（12）：57-60.

营养盐添加的目的是保证酵母的正常繁殖和发酵，根据甜高粱汁液的化学组分和性质，必须在其汁液中添加适量的酵母所需要的营养盐。由生产实践和组分测定可以知道，甜高粱茎秆汁液一般缺乏氮素和镁盐，除此之外，还缺少少量的钾盐和磷酸盐等。由于甜高粱品种和产地以及收获期不同，其主要营养盐含量差别较大。因此，必须对汁液进行分析，了解酵母所需营养盐缺乏的种类和程度，依此决定添加所要营养物质的种类和数量。

糖汁酸化的目的是防止杂菌的增殖，加速糖汁中灰分和胶体物质的沉淀，并调节稀糖液的酸度，使其适合酵母的生长。由于甜高粱汁具有微酸性质，酵母发酵的最佳 pH 值在 4.0~4.5 之间，因此在稀释糖汁时需要添加酸。

汁液中通常含有较多的胶体物质、色素、灰分和其他的悬浮物质，它们的存在对于酵母的正常生长繁殖和代谢有一定的害处，应尽量去除。汁液澄清的方法主要有机械澄清法、加酸澄清法和加絮凝剂澄清法。

原料中往往含有杂菌，主要是产酸菌，如野生酵母、白色念珠菌和乳酸菌。为了保证果汁发酵的正常运行，除了添加酸以增加果汁的酸度外，还需要杀菌。杀菌有两种方法：物理法和化学法。

酵母培养可分为两个阶段，即酵母纯粹扩大培养阶段和酒母培养阶段。

作为一种典型的糖质原料，甜高粱乙醇的发酵方法很多，按发酵的连续程度可分为：间歇式发酵、半连续式发酵与连续式发酵三大类。

甜高粱汁中含有大量的灰分胶体物质等非糖杂质，其乙醇发酵代谢产生的酯醛一级杂质和杂醇多，对成品乙醇质量影响较大。同时，蒸馏过程中存在大量泡沫，也容易产生水垢。因此，在蒸馏过程中，应注意除醛和提取杂醇，并防止溢流和结垢。以甜高粱为原料生产高纯度乙醇或蒸馏乙醇，大多采用双塔液相连续蒸馏工艺，但难以从粗乙醇中分离出酯醛混合物以达到蒸馏乙醇的质量标准。目前常用的是三塔连续蒸馏工艺，主要包括三个塔：一是醪糟塔；二是除醛塔，也称分馏塔，安装在醪糟塔和蒸馏塔之间，其作用是在第一阶段消除酯类和醛类等杂质；三是蒸馏塔，它不仅浓缩乙醇以提高其浓度，而且还不断消除杂质以纯化乙醇，使其达到蒸馏乙醇的质量标准。

（2）甜高粱固态发酵生产乙醇。乙醇固态发酵是指在不含或几乎不含自由水的湿的固体物料中培养发酵微生物，并进行乙醇转化的过程。甜高粱茎秆固态发酵工艺包括如下几个过程。

1）原料的预处理。原料预处理主要是将采收后的甜高粱茎秆加工成适合发醇的原料过程。采收后的甜高粱茎秆去掉叶片、根、泥土等杂质。甜高粱的叶、根、穗等不含可发酵糖分，所以在粉碎前必须将它们去除。去除叶片和粉碎是采用专用的机械去除叶片及叶鞘，并粉碎成 0.2 ~ 0.8cm 粒度的碎渣。通过粉碎，使得原料有效膨胀，有利于糖分的释放与分解。增加了原料的表面积，提高了酵母菌与原料接触的机会，有利于原料的充分利用，同时有利于发酵后乙醇的蒸馏，提高乙醇蒸馏效率。但粉碎的粒度宜大小适中。过大可能影响原料与酵母细胞的充分接触以及细胞内游离水的释放，而过小的容易堵塞造成通气散热不良，影响酒母的活性和乙醇的产生。

2）酵母调配接种。一般而言，采用 8% ~ 10% 的酵母兑水，制成酵母菌液。按照比例 8 : 1（即甜高粱茎秆：菌液 = 8 : 1）用于接种发酵。酵母的质量直接影响乙醇的质量和产量，要求使用新酵母，选择发酵能力强的品种。目前，在甜高粱固态发酵的酵母菌种，安琪耐高温活性干酵母是应用较为广泛的菌种之一。对于酵母的用量，因为甜高粱茎秆属于糖质原料，主要依靠酵母的分解作用，所以，酵母的用量不可过少也不可过多。用量过大造成浪费和生产成本升高。接种量过小，发酵缓慢，糖乙醇的转化率较低。一般的经验用量为甜高粱茎秆质量的 5% ~ 8%，但仍需进一步探讨与优化。

3）入池发酵。在甜高粱茎秆固态发酵生产乙醇过程中，整个发酵体系处于气态、液态和固态的体系当中。酵母的生长代谢过程极为复杂，为了使酵母与甜高粱茎秆在缺氧条件下进行乙醇代谢，在搅拌均匀的甜高粱茎秆入池发酵时，需要逐层压实，尽量地排除原料中的空气。装满发酵池后用薄膜覆盖，四周密封。

一般而言，入池后第一天，酵母成倍增长，池内温度逐渐升高，第二天温度可以达到 25℃，第三天池内温度可以达到 30 ~ 32℃。池内的酸度也随之逐渐增大，乙醇含量大幅度上升。发酵进行 72h 即可成熟，但发酵时间的长短，需根据池内发酵情况而定。如果入池温度较低，发酵较为缓慢，发酵期可以适当延长。如若气温和入池温度较高，发酵较快，发酵期可以缩短。总之，发酵结束后，发酵糟渣中残糖含量低于 0.5%，乙醇的体积分数可以达 8% 左右。

4）乙醇蒸馏。乙醇蒸馏的原理和液态乙醇生产工艺中蒸馏的原理一致，均是利用体系中挥发性成分（乙醇、水杂醇油和脂类）的沸点不同。其中乙醇的沸点较低（78℃）容易挥发，可首先从糟渣中以气态挥发出来，然后经快速冷凝后，形成具有一定浓度的粗乙醇（40% ~ 50%，体积比），然后再经精馏后，可以获得一定纯度的乙醇。蒸馏设备与操作对蒸馏出来的乙醇质量和数量有着直接影响。

7.2.2.3　甘蔗原料生产生物质燃料乙醇

甘蔗原料是已有生物质燃料乙醇生产原料中可发酵量最高的大田作物，属于糖类生物质生产原料。生物质燃料乙醇在生产过程中用到的甘蔗原料通常为甘蔗压榨得到的甘蔗汁。甘蔗经机械切割，压榨，过滤后可得到甘蔗汁。获得的甘蔗汁糖质量分数约为14.5%，可直接添加至酵母孵育罐和乙醇发酵罐进行单浓度双流加乙醇发酵，甘蔗原料生产生物质燃料乙醇的生产工艺流程如图7-3所示。

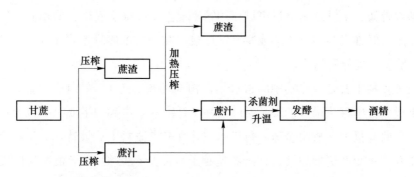

图7-3　甘蔗原料生产生物质燃料乙醇的生产工艺流程

与淀粉质生产原料相比，甘蔗可利用率较高，且甘蔗作生物质燃料乙醇的生产原料时，无需进行诸如调浆液化、糖化等过程，可直接进行甘蔗汁发酵产生物质燃料乙醇操作。此类生产原料的应用可大大缩短生物质燃料乙醇的发酵周期，同时降低蒸煮以及糖化阶段所产生的额外能量消耗。同时，甘蔗发酵过程中产生的蔗渣等副产物可回收利用，投入造纸或燃烧发电行业。连续发酵工艺的运用，也可大大提高甘蔗发酵过程中设备的利用率，且对提高设备自动化运用具有明显的助力效用。然而，甘蔗汁进行发酵之前需要进行抑菌处理，以防止蔗汁提取过程中引入的杂菌对后期发酵微生物生长发酵的影响。

7.2.2.4　传统原料生产乙醇存在的问题

随着耐高温、耐高糖、耐高乙醇酵母的选育和底物流加工工艺、发酵分离粉质类原料的燃料乙醇生产工艺已经具有明显的市场竞争力。由糖类和淀粉类原料制备燃料乙醇技术已日臻成熟，并已进行产业化生产，规模不断扩大，技术不断改进，效益不断提高。但在生产过程中会产生大量废水和一定量的废渣，需建设配套的治理装置。由于我国粮食资源有限，淀粉含量高的薯类作物如木薯是极好的原料，开发边际性土地、选育优质木薯品种，形成木薯原料收集—加工—产品销售的产业链条，是今后燃料乙醇产业化生产的一条可行之路。

7.2.3　二代燃料乙醇生产技术（以木质纤维素原料为例）

鉴于第一代生物质燃料乙醇生产原料的争议性，第二代生物质燃料乙醇主要选择农业废弃物、枯枝落叶、林木采伐剩余物等非粮木质纤维素材料作为生产原料。木质纤维素主要由纤维素、半纤维素、木质素组成，纤维素构成了木质纤维素的基本骨架，半纤维素通过氢键作用紧密覆盖于纤维素表面，而木质素则通过共价作用与纤维素与半纤维形成紧密的连接。此外，木质纤维素中还包含 25%~30% 的果胶、灰分等物质。

人类食物主要是农作物中的碳水化合物（淀粉和糖）、蛋白质和脂肪，而植物体组成成分中含量最多的却是纤维素和半纤维素，占到一半或 70% 以上。据最新的一份研究报道，放眼全球，每年木质纤维素类原料生成量转化为生物燃料相当于 340 亿~1600 亿桶原油，这已经超越了目前全球每年 30 亿桶原油的能源消耗。我国纤维素类生物质资源丰富，其中每年仅农作物秸秆、皮壳就达 7 亿多吨，其中玉米秸秆占 35%，小麦秸秆占 21%，稻草占 19%，大麦秸秆占 10%，高粱秸秆占 5%，谷草占 5%。木质纤维素能源植物生物产量高，且比一般农作物对水土条件和种植管理的要求低得多，我国西北地区主要灌木能源植物每公顷的地上部分产量在 8~20t。这部分资源的充分利用，将是一笔宝贵的财富。

木质纤维素类原料是植物光合作用的产物，它是生产乙醇最大的潜在原料。木质纤维素类废弃物的主要成分包括半纤维素、纤维素和木质素三部分。前两者都能被水解为单糖，单糖再经发酵生成乙醇，而木质素不能被水解。纤维素是木质纤维素主要的组成部分，由 D-葡萄糖残基以 β-1,4-糖苷键相连而成的线性聚合物。在植物纤维中，纤维素沿着分子链链长的方向彼此近乎平行聚集成为细纤维而存在，其间充满了半纤维素、果胶和木质素等物质，影响纤维素的水解。

木质纤维素生产原料诸如农作物秸秆等的利用可实现废弃物的资源化，同时其利用也减少了生物质燃料乙醇生产对粮食作物的依赖。作为农作物生产大国，价格低廉、储量巨大、环境友好型的秸秆类木质纤维素在我国生物质燃料乙醇生产中的应用意义巨大。木质纤维素生物质燃料乙醇的生产过程主要包括原材料的预处理阶段，预处理产生混合浆液的酶解阶段，以及酶解最终产生糖类的发酵与乙醇蒸馏阶段等。木质纤维素原料生产生物质燃料乙醇工艺流程如图 7-4 所示。

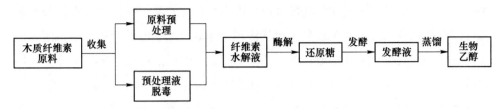

图 7-4　木质纤维素原料生产生物质燃料乙醇工艺流程

7.2.3.1　预处理阶段

木质纤维素由纤维素、半纤维素、木质素等大分子物质通过复杂的成键方式组合而成。预处理阶段是木质纤维素原料生产生物质燃料乙醇的重要工序，它在去除木质素对纤维素与半纤维素的包裹，打破纤维素结晶结构，最终提高木质纤维素原料水解产糖率，获得高转化率的生物质燃料乙醇至关重要。

一般预处理方法应遵循的原则：酶解能达到最大转化率；可溶性糖的损失最小；在酶和微生物群体中不需要添加有毒的化学品；最小化地利用能源、化学品及设备；可以逐步扩大为工业生产。但实际上并不可能有一个前处理过程能够满足上述所有的条件。总的技术要求就是，去除木质素，较少地去除半纤维素，最大化地利用木质纤维素中可利用的成分。

预处理方法主要包括物理法、化学法及生物法。

（1）物理法。包括机械粉碎、热解、声波电子射线等方法，这些方法均可使纤维素粉化、软化，提高纤维素酶的水解转化率。

研磨是一种常用的物理方法，可以增加纤维素和酶之间的接触面积，提高酶水解率。高能辐射降低了纤维绳的聚合度和结晶度，提高了原材料的溶解度。蒸汽爆炸是一种物理预处理方法，包括将粉碎的木质纤维素原料置于高压饱和蒸汽（通常为 $160\sim260℃$，$0.69\sim4.83MPa$）中几秒钟，然后迅速将其降至大气压。微波处理可以显著提高纤维素的酶解效果。对稻草和麦秆的微波预处理研究表明，微波辅助碱处理可以提高初始水解率，减少发酵过程中纤维素酶的使用，缩短反应时间，提高乙醇转化率。热水也能溶解半纤维素。当大多数生物质材料在 $220℃$ 热水中处理 2min 时，可以去除 1/2～2/3 的木质素。流动预处理的方法是在预处理过程中连续或间歇加入热水，木质素去除率可达 75%。流动预处理酶解后的总糖产量高于分批处理。

（2）化学法。规则且相互交联的纤维素链形成了抗拒纤维素酶渗透进纤维中的一个有效屏障。通过化学处理可以打破木质纤维素组织结构，从而使纤维素酶可以很好地利用纤维素等成分。化学法包括碱处理法、酸处理法、有机溶剂法及臭氧法等。其中，碱性溶液，如在 NaOH、氨水中浸泡原料，接着加热一段时间可以使原料孔隙发生润涨，从而增加原料的内表面积，降低结晶度和聚合度。在碱处理过程中，大部分木质素和一些半纤维素会溶解。由于碱处理主要通过脱木质素起作用，因此它对农业废弃物和草本植物比对木材，原料更有效，因为这些原料通常含有较少量的木质素。稀酸预处理，是目前广泛使用的预处理方法，它能够释放大部分的戊糖，并能提高纤维素的水解效果，该方法的木糖产量可达 96%。

（3）生物法。生物预处理主要是在纤维质原料中加入能分解木质素和半纤维素的微生物。利用微生物自身代谢活动来降解木质纤维素中的成分。常用于降解木质素的微生物有白腐菌、褐腐菌、软腐菌等真菌。[1]

7.2.3.2　预处理液脱毒阶段

预处理过程中会产生大量的发酵抑制物，主要包括酚类、呋喃类以及弱酸类等，这些抑制物会严重破坏微生物细胞膜的通透性，影响其正常生长代谢，甚至改变原微生物细胞正常的营养利用方式，致使细胞发生突变，最终导致发酵乙醇产率严重下降。为减轻预处理产生的抑制物对微生物发酵的影响，生物质燃料乙醇的生产过程中往往会增设预处理混合液的脱毒处理阶段。常见的脱毒方法主要包括物理脱毒法、化学脱毒法、生物脱毒法等。其中，物理脱毒法的主要功能是通过萃取剂或吸附剂的作用，分离去除预处理混合液中的发酵抑制物；化学脱毒法的主要功能则是通过氢氧化钙等化学药剂的添加，过滤去除预处理混合液中形成的发酵抑制物与氢氧化钙钙盐沉淀；而生物脱毒法的主要功能则是通过微生物自身的代谢作用或微生物产生酶系的降解作用，去除预处理混合液中的发酵抑制物。不同的预处理方法各有其优缺点，如物理脱毒法以及化学脱毒法可能会造成新污染物的引入，生物脱毒法的脱毒效果受微生物自身生长因素的影响。具体脱毒方法的选择可根据生产原料以及水解液中主要抑制物的种类等进行选择。

---

[1]　刘婧怡. 强渗透性木聚糖复合酶桑枝生物高得率制浆性能研究 [D]. 南京：南京林业大学，2012.

7.2.3.3 水解阶段

预处理后木质纤维素结构中的纤维素以及半纤维素组分被释放至原料处理液中，为了发酵的正常进行，后续阶段需进行纤维素以及半纤维素组分的进一步水解，其目的是生成简单可发酵性糖类，用于酵母等微生物自身代谢产生物质燃料乙醇。常见的水解方法主要包括浓酸水解法、稀酸水解法以及酶水解法等。浓酸水解法可溶解结晶纤维，使之转化成低聚糖，再经适当的稀释加热处理，得到较高收率的单糖。为了进一步提高木质纤维素糖产率，可进行二次水解操作。研究表明，低温浓酸水解法对纤维素和半纤维素的转化率高达90%。然而，为了使水解操作的经济高效，常需要进行浓酸的回收再利用。稀酸水解法也常被用来水解预处理后得到的纤维素与半纤维素混合液，用于简单糖类的生产。与浓酸水解法相比，稀酸水解法无需进行回收操作。反应速率快，可进行连续生产过程。但稀酸水解法对反应条件诸如温度、压力等要求较高，且反应过程中产生的水解副产物较多。酶水解法主要是利用纤维素酶等酶系的作用将木质纤维素当中的纤维素降解成葡萄糖等单糖结构，用于后续进一步发酵产生物乙醇。与酸水解相比，酶水解的条件较为温和，水解只需在常温下进行，无需额外添加化学药剂，且水解操作在弱酸性条件下进行，对设备腐蚀性较小，水解二次产物也相对较少。然而，酶水解法中，仍存在酶量不足、水解周期较长、成本较高等问题，其工艺仍需要更进一步的优化。

7.2.3.4 发酵阶段

生物质燃料乙醇生产过程中最重要的阶段为糖类发酵产乙醇阶段。发酵所用糖类主要有葡萄糖、果糖等己糖，少数微生物可以代谢木糖等戊糖产生物质燃料乙醇。不同种类的木质纤维素原材料，微生物发酵所利用的单糖种类不同。生物质燃料乙醇的发酵过程主要分为发酵前期、发酵中期和发酵后期等三个阶段。

（1）发酵前期。发酵罐中微生物数量较少，微生物对外界环境较为敏感，此时，需要严格控制发酵液温度、pH值等理化属性。由于前期酵母细胞较少，发酵罐中营养物质以及溶解氧含量相对较高，故前期微生物生长速率较快，微生物可进行快速繁殖。前期发酵阶段，发酵进行较为缓慢，生物质燃料乙醇产量以及菌种数量相对较少，同时二氧化碳等副产物也相对较少，可通过适当提高发酵接种量来缩短发酵前期周期。

（2）发酵中期。发酵液中微生物大量繁殖，微生物数量达到最大，此时发酵液中养分以及氧气被大量消耗，菌种处于厌氧发酵阶段，发酵液中温度也随之增加。发酵最适温度为 30~34℃，发酵温度过高或过低均会影响微生物的正常生长与工作，为了发酵的高效进行，需要使用适当的冷却手段。发酵中期一般持续 12h 左右，若发酵液中糖分含量较高，应适当延长发酵中期的时间，以确保所有糖分均被高效的利用，并转化成生物质燃料乙醇。

（3）发酵后期。发酵液中营养物质以及溶解氧被大量消耗而处于稀缺阶段，此时发酵液中仅存在少量糖分可供发酵微生物自身生长以及代谢发酵所用，微生物发酵速率较慢。发酵后期发酵微生物增殖速率也随之下降，发酵液温度下降，为了维持发酵的正常进行，应控制发酵液温度使微生物处于正常发酵水平。

7.2.3.5　乙醇蒸馏阶段

发酵过程的最后工序是对生物质燃料乙醇的蒸馏。通常将乙醇与混合液中其他组分的分离过程，称为乙醇的蒸馏过程。乙醇蒸馏的原理是基于发酵所得乙醇混合液中各组分的沸点不同，从而实现乙醇的分离与纯化。乙醇蒸馏过程主要包括粗蒸馏阶段与精蒸馏阶段。粗蒸馏阶段得到的乙醇浓度通常较低。相反，精馏阶段得到的乙醇浓度较高。精馏过程可分离发酵混合液中较难分离的组分，精馏后得到的乙醇浓度可达到95%左右。常见的乙醇蒸馏方法主要包括共沸脱水法以及吸附法等。共沸脱水法需要向发酵液中加入苯、乙醚等共沸剂，其目的是形成乙醇水共沸剂的三元恒沸物，由于三元共沸物与单组分乙醇或者水之间的沸点差异较大，故可通过蒸馏技术实现乙醇的分离纯化。吸附法则是通过向乙醇与水的混合物中投加吸附剂，通过吸附剂的吸附作用实现乙醇与水的分离。常见的吸附剂主要有硅胶、分子筛、活性炭、活性氧化铝等。分子筛是上述吸附剂中性能较为优异的一种，其具有极强的热稳定性，且力学性能良好，通常作为乙醇蒸馏中的定向吸附剂使用。❶

7.3　木质纤维素水解发酵制备丁醇

丁醇作为一种重要的平台化合物，经酯化、取代、消去、还原、氧化等化学

---

❶ 宋安东，裴广庆，王风芹，等. 中国燃料乙醇生产用原料的多元化探索［J］. 农业工程学报，2008（3）：302-307.

反应可以生成丁二烯、丁胺、丁醛、丁酸等重要的化工原料。此外，随着石油资源的短缺，石油价格的变幻，丁醇作为一种清洁、无污染的生物质液体替代燃料，其发酵生产也日益受到世界众多国家的广泛关注。

与乙醇相比，丁醇具有一系列的优势，譬如具有较低的蒸气压和疏水特性等，使得丁醇的运输依靠现有的汽油输送管道及分销渠道成为可能，是一种理想的汽油替代燃料。丁醇除可作为优质的液体燃料外，还是一种重要的化工原料，用途十分广泛。

7.3.1 丁醇概述

丁醇，分子式 $C_4H_{10}O$ 或 $CH_3(CH_2)_3OH$，相对分子质量 74.12，相对密度 0.8109，折射率 1.3993（20℃），熔点 −89℃，沸点 117.7℃，蒸气压 0.82kPa（25℃），闪点 35~35.5℃，自燃点 365℃。纯丁醇是一种无色透明液体，有酒精味，微溶于水，易溶于乙醇、醚及多数有机溶剂，蒸气与空气形成爆炸性混合物，爆炸极限 1.45%~11.25%（体积分数）。

关于燃料丁醇燃烧特性的研究，科威特大学的 F. N. Alasfour 在单缸试验机上进行了 30%丁醇与汽油混合燃料的空燃比、进气温度、点火角对动力性、热效率、废气温度的影响的试验研究。研究发现，相同条件下与纯汽油相比热效率下降 17%；进气温度在 40~60℃时，空燃比为 0.9，NO_2 排放增加 10%；较小的点火提前角，容易爆燃。法国的 Philip-pedagaut 等在喷射搅拌反应器研究 15%~85%丁醇汽油的氧化动力学反应。关于丁醇的各种燃烧试验国内鲜有报道，相关的研究只是将丁醇作为助溶剂增加乙醇和柴油的相溶性，没有涉及燃烧特性的研究。

7.3.2 木质纤维素水解发酵制备丁醇的过程[1]

丙酮丁醇发酵工业中的细菌主要是梭状芽孢杆菌，通常称为丙酮丁酸梭菌，简称丙酸杆菌。根据发酵底物的偏好，可分为三类：以淀粉为发酵底物的；以糖蜜为发酵基质；还有一种使用纤维原料作为底物的发酵类型。目前，能够发酵丙酮丁醇的主要微生物有 clostridrium acetobutylicum。

---

[1] 靳孝庆，王桂兰，何冰芳. 丙酮丁醇发酵的研究进展及其高产策略 [J] 化工进展，2007（12）：1727-1732.

　　丙酮丁醇发酵分为两个阶段：产酸阶段和溶剂生产阶段。在发酵的早期，会产生大量的有机酸（乙酸、丁酸等），pH 值会迅速降低。此时，会产生更多的 CO_2 和 H_2。当酸度达到一定值时，进入溶剂生产期，有机酸被还原，产生大量的溶剂（丙酮、丁醇、乙醇等），以及一些 CO_2 和 H_2。

7.3.2.1　产酸期

　　在这个阶段，葡萄糖通过糖酵解（EMP）途径产生丙酮酸。戊糖通过戊糖磷酸途径（HMP）转化为 6-磷酸果糖和 3-磷酸甘油醛，并进入 EMP 途径。丙酮酸和 CoA 在丙酮酸-铁氧还蛋白氧化还原酶的作用下生成乙酰-CoA，同时产生 CO_2。铁氧还蛋白通过 NADH/NADPH 铁氧还素氧化还原酶和氢化酶与此过程偶联，调节细胞内电子的分布和 NAD 的氧化还原，同时产生 H_2。乙酸和丁酸都由乙酰-CoA 转化而来。在乙酸的形成过程中，磷酸酰基转移酶（PTA）I 催化乙酰-CoA 生成酰基磷酸酯，接着在乙酸激酶（AK）的催化下生成乙酸。丁酸的形成较复杂，乙酰-CoA 在硫激酶、3-羟基丁酰-CoA 脱氢酶、巴豆酶和丁酰-CoA 脱氢酶 4 种酶的催化下生成丁酰-CoA，然后通过磷酸丁酰转移酶（PTB）催化生成丁酰磷酸，最后通过丁酸激酶脱磷酸生成丁酸。

7.3.2.2　产溶剂期

　　溶剂生产的开始涉及碳代谢从产酸途径向溶剂生产途径的转变。这种转变的机制尚未得到彻底研究。早期研究表明，这种转变与 pH 值的降低和酸的积累密切相关。在产酸阶段，会产生大量的有机酸，不利于细胞生长。因此，在溶剂生产阶段利用酸被认为是一种解毒作用。然而，pH 值的降低和酸的积累并不是从酸生产向溶剂生产过渡的必要条件。

　　乙酰乙酸-CoA：乙酸/丁酸：CoA 转移酶是溶剂形成途径中的关键酶之一，有广泛的羧酸特异性，能催化乙酸或者丁酸的 CoA 转移反应。乙酰乙酸-CoA 转移酶在转化乙酰乙酸-CoA 为乙酰乙酸的过程中可以利用乙酸或丁酸作为 CoA 接受体，而乙酰乙酸脱羧形成丙酮。乙酸和丁酸在乙酰乙酸-CoA：乙酸/丁酸：CoA 转移酶的催化下重利用，分别生成乙酰-CoA 和丁酰-CoA。丁酰-CoA 经过两步还原生成丁醇。乙酸和丁酸的重利用通过乙酰乙酸-CoA：乙酸/丁酸：CoA 转移酶直接和丙酮的产生结合，因此在一般的间歇发酵中不可能只得到丁醇而不产生丙酮。

7.3.3 木质纤维素水解发酵的工艺特点

生物发酵法生产丁醇还包括大量的丙酮和少量的乙醇（统称为 ABE）。当产品中 ABE 的浓度达到一定值时，微生物的生长停止。因此，必须使用有效的方法从发酵液中去除 ABE，减少产物抑制，从而提高发酵产量并降低工业成本。为了解决丁醇发酵产物的抑制问题，可以采用基因工程（或代谢工程）和发酵分离偶联技术来解决。

丁醇发酵菌株的基因工程（或代谢工程）修饰主要涉及缓解代谢过程中可能产生的产物或中间产物的抑制，提高菌株对丁醇的耐受性，加强丁醇生产中的关键酶，切断丙酮和乙醇的代谢途径，以及增加丁醇在溶剂中的比例。尽管基因工程被认为是最有前途的方法之一，且 clostridium acetobutylicum ATCC824 的全基因序列已经获得，但由于丙酮-丁醇发酵途径极其复杂以及在代谢过程中基因控制很难操作，所以在这一领域的进展仍很缓慢。[1]

到目前为止，还没有合适的基因工程细菌可以应用于工业生产。目前，去除丙酮丁醇发酵产物的方法很多，分离和偶联丙酮丁醇发酵产品的主要技术包括吸附（adsorption）、气提（gasstripping，GS）、液液萃取（liquid-liquid extraction）和渗透气化（pervaporation，PV）等。但是这些方法的分离效果、应用成本等离工业化应用要求还有较大差距。但随着能源的日益紧张，发酵分离偶合技术势必得到更为广泛的关注。

7.4　生物柴油的转化利用

我国是农业大国，每年产生大量的农村废弃物，不仅造成严重的污染而且是对资源的极大浪费。利用农业废弃物中的秸秆、柴薪以及餐厨垃圾等作为生产生物柴油的原料，能为国家的节能减排计划做出巨大的贡献，对促进环境保护、提高农民收入、保障食品安全、解决国家三农问题都有一定的意义。在许多国家，生物柴油经常按一定比例与石油柴油相混，而不是使用干净的生物柴油。值得注意的是，这些与石油柴油的混合物并不是生物柴油。B100 生物柴油是纯生物柴油，B20 含有 20%生物柴油和 80%石油柴油，而 B5 含有 5%生物柴油和 95%石

---

❶ 唐波. 丙酮丁醇梭菌的改良及发酵工艺的研究［D］. 无锡：江南大学，2008.

油柴油。当然，还有未经澄清的植物油及动物脂肪也不应该被称为生物柴油。

7.4.1　生物柴油概述

7.4.1.1　生物柴油的概念及特点

（1）生物柴油的概念。生物柴油是指由植物油（如菜籽油、大豆油、花生油、玉米油、棉籽油等）、动物油（如鱼油、猪油、黄油、绵羊油等）和废油或微生物油通过酯交换或热化学工艺制成的清洁可再生的运输液体燃料。生物柴油是一种生物质能源。其主要成分为脂肪酸甲酯，其物理性质与石油化工柴油相似，但化学成分不同。生物柴油是含氧量极高的复杂有机组分的混合物，主要由高分子量有机化合物组成，包括几乎所有类型的含氧有机化合物，如酯类、醚类、醛类、酮类、酚类、有机酸、醇类等。生物柴油具有可再生和环保的特点，使其成为取代石油柴油的理想燃料之一。

（2）生物柴油的特点。面对全球能源危机，随着全球经济的发展、人们生活水平的提高和环境保护，人们逐渐意识到石油作为燃料造成的空气污染的严重性，尤其是"夏季雾霾"的频繁出现，对人类健康造成了极大危害。因此，迫切需要开发新的可再生、环保和替代能源。经过研究发现，生物柴油具有以下优异性能：

1）优异的环保性能。

2）具有可再生能源的。

3）具有良好的安全性能。

4）生物柴油具有优异的燃油性能，可与石化柴油按一定比例混合使用。

5）具有良好的润滑性能，延长了发动机的使用寿命。

6）易于应用。

7）生物柴油可以作为战略石油资源储备。

8）促进农业生产，带动产业结构调整。

9）可以利用生物柴油生产过程中的各种副产品。

研究人员一致认为，生物柴油是传统石油的最佳替代品，因此生物柴油的生产已开始在全球范围内蓬勃发展，其应用实例不胜枚举。这里选取几个典型案例进行分析。

7.4.1.2　生物柴油技术的分类

生物柴油是一种由植物油或动物脂肪的烷基单酯组成的替代柴油。因此，生物柴油技术可分为两大类以植物油或动物脂肪为原料的技术。植物油包括玉米油、花生油、茶油、豆油、棉籽油和微藻油。其中，微藻因其光合效率高、生长周期短、脂质含量高而被认为是制备生物柴油的主要原料之一。在现代生物柴油技术的研究领域，以微藻为原料制备生物柴油的技术得到了广泛的研究，受到了科学家的青睐。动物脂肪主要包括绵羊脂肪、奶牛脂肪、猪脂肪和黄油。

近年来，随着我国经济的快速发展，农村垃圾问题日益突出。采用可持续的农村垃圾处理模式，促进农村垃圾处理的减量化、无害化和资源化利用至关重要。农村废弃物可分为四类：一是农田和果园的废弃物，如秸秆、残株、杂草、落叶、果壳、葡萄藤、树枝等废弃物；二是畜禽粪便以及围栏垫层等；三是农产品加工废弃物；四是人类粪便、尿液和生活垃圾。通过研究发现，利用农村垃圾制备生物柴油具有重要的环保意义。

废弃油脂是食用油和肉类食品在生产加工和食用消费过程中产生的，包括餐饮废油、存放过期的食用油、酸化油和非食用的动物脂肪等，它们来源于生物，具有可再生性。全球废弃油脂每年的产出量巨大，以植物油为例，经加工和消费后，将产生占其总量20%~30%的废弃油脂，即3000万吨以上。如果再考虑废动物脂肪，则数量更大。

餐饮废油脂。俗称地沟油，主要指城市宾馆、饭店、餐馆和居民日常生活使用油脂时产生的不宜食用的废弃油脂。餐饮废油脂的产量没有权威的统计数据，可根据食用油的食用率来估计。发达国家公布的使用率约75%，中国因传统的饮食习惯，使用率不可能高于发达国家，按发达国家相同的使用率保守估计，就有25%的食用油脂变成餐饮废油脂。

存放过的食用油。食用油在储存、销售和消费过程中，不可避免会有一部分超过保质期，不宜食用；另外储罐的清底、保洁等过程也要产生不宜食用的油脂。根据预测每年约有100万吨食用油因存放过期需要处理。

动物油脂。中国的猪、牛、羊、鸡、鸭等存栏量都居世界前列，产肉的同时也副产大量的脂肪，其中优质的脂肪作为食用外，主要作为油脂化工的原料，而一些品质差的脂肪，异味大，不适宜做油脂化工的原料，但可以作为生物柴油原料，这部分脂肪的数量估计约400万吨。

酸化油。由植物毛油精炼生产食用油产生的含油下脚料酸化加工得到的高酸值油脂。酸化油通常可以用来生产混合脂肪酸，但近年来混合脂肪酸也多用生产生物柴油。

7.4.1.3 生物柴油发展的原因及潜力

随着经济的快速发展，能源短缺日益成为阻碍社会发展的重要因素。由于石油资源需求的快速增长，一些国家发动了石油战争。第一次石油危机爆发于20世纪70年代，西方发达国家开始探索新能源。1983年，美国科学家 Graham Quick 首次在柴油发动机中成功地使用了通过酯交换制备的亚麻籽油甲酯，并将可再生脂肪酸甲酯定义为生物柴油。生物柴油是一种直接或间接来源于生物的化学产品，可作为柴油发动机的燃料油。与传统的石油制备柴油相比，生物柴油是一种清洁可再生的能源。

植物油、动物油及微生物油脂及其衍生物如烷基酯之所以适合作为石油柴油的替代品是因为其在性质及组成上与石油柴油具有一些相似之处，其最重要的指标体现在十六烷值上。生物柴油的十六烷值比石油柴油高，具有更好的燃烧性能。除了十六烷值外，还有其他几种性能对生物柴油适合作为石油柴油的替代品起着重要决定作用。比如燃烧热、流点、浊点、黏度、氧化稳定性、润滑性等。其中，润滑性是这些特性中最重要的一点。

生物柴油具有广阔的发展前景。地球上植物的持续生长能够满足人类的主要能源需求。当然，只有一部分正在增长的生物量可以被用于能源。然而，仍有大量的生物质能源是非常适合开发的。生物质资源包括来自农林及其相关产业的原料，以及其他行业和家庭的废料。根据欧洲环境机构（EEA）的说法，在未来的几十年里，在不损害生物多样性、土壤和水资源的情况下，欧盟清洁能源的使用将显著增加。欧洲现有的潜在生物量似乎足以在对环境不造成危害的情况下实现可再生能源目标。生物质能从农业、林业和有机废物中提取，以一种环保的方式提供热量、电力和运输燃料。因此，它的使用既可以帮助减少温室气体排放，又可以实现欧洲可再生能源目标。

生物燃料相对化石燃料存在巨大的经济优势，但是直接的成本比较是困难的。与矿物燃料有关的消极效应往往难以量化，例如军事开支和环境保护费用。然而，生物燃料有可能产生许多积极的外部效应，如减少温室气体排放、减少空气污染和创造就业机会。此外，生物燃料减少了对原油进口的依赖。因此，生物燃料是一种更符合社会和环境要求的液体燃料，这一事实在直接成本计算中常常被忽视。因此，生物燃料市场在比较环境和社会成本时存在巨大的长期经济效益。

中国是世界上农村废弃物产量最大的国家，每年超过 40 亿吨。在广大农村地区所产生的农村废弃物当中，其中的植物油、动物油、废弃油脂等可通过工艺手段转化为生物柴油。据估计，2020 年中国生物质能源量（标准煤）至少可达到 15 亿吨，如果可以将其中 50% 左右用于生产生物柴油，将可为中国石油市场提供 2 亿吨液体燃料。

7.4.2　生物柴油生产原理

目前工业产业生物柴油主要应用的方法是酯交换法。各种天然的植物油和动物脂肪以及食品工业的废油都可以作为酯交换生产生物柴油的原料。1 分子甘油三酯经一系列化学反应转变为 3 分子脂肪酸单酯，可使分子量降至原来的 1/3，黏度降低到 1/8，同时也提高了燃料挥发度。生产过程所涉及的化学反应主要是包括油脂的水解反应、酯化反应和酯交换反应。

7.4.2.1　水解反应

油脂在酸性溶液中，经加热，可水解为甘油和脂肪酸，是一种可逆反应。理论上认为，酸性溶液为油脂的水解反应提供了氢离子，氢离子可结合于酯的羧基上，使羧基碳的正电性强化，易于发生亲核加成反应。如果没有酸的强化作用，水解速度则比较缓慢。理论上认为，酸性溶液有利于水解反应进行。反应方程如下：

$$
\begin{array}{l}
CH_2-O-\overset{\overset{\displaystyle O}{\|}}{C}-R \\
CH-O-\overset{\overset{\displaystyle O}{\|}}{C}-R' \quad +3H_2O \underset{\triangle}{\overset{HCl或H_2SO_4}{\rightleftharpoons}} \\
CH_2-O-\overset{\overset{\displaystyle O}{\|}}{C}-R''
\end{array}
\quad
\begin{array}{l}
CH_2-OH \quad R-COOH \\
CH-OH \; + \; R'-COOH \\
CH_2-OH \quad R''-COOH
\end{array}
$$

油脂在碱性溶液中更容易水解，由于水解生成的脂肪酸立刻与碱反应生成，离开反应相，打破了反应平衡，使反应进行到底，生成物为高级脂肪酸盐，即肥皂。

7.4.2.2　酯化反应

脂肪酸和醇在酸性催化剂的存在下加热，可以生成酯。为了提高酯的产量，通常加过量的脂肪酸或醇，或不断地从反应相中移去生成的水。在生产生物柴油的场合，动植物油脂经水解后，加入甲醇（最常用于酯交换的醇为甲醇），通过酯化反应，即得脂肪酸甲酯。总反应如下：

$$R{-}COOH + CH_3{-}OH \underset{\triangle}{\overset{\text{酸性催化剂}}{\rightleftharpoons}} CH_3{-}O{-}\overset{O}{\overset{\|}{C}}{-}R + H_2O$$

可能的反应经历可表达为：

$$R{-}COOH \underset{\triangle}{\overset{H^+}{\rightleftharpoons}} R{-}\overset{+OH}{\underset{}{C}}{-}OH$$

$$R{-}\overset{+OH}{C}{-}OH + CH_3OH \rightleftharpoons R{-}\overset{OH}{\underset{OH}{C}}{-}\overset{H}{\underset{+}{O}}CH_3$$

$$R{-}\overset{OH}{\underset{OH}{C}}{-}\overset{H}{\underset{+}{O}}CH_3 \rightleftharpoons R{-}\overset{OH}{\underset{+OH_2}{C}}{-}OCH_3$$

$$R{-}\overset{OH}{\underset{+OH_2}{C}}{-}OCH_3 \rightleftharpoons R{-}\overset{+OH}{C}{-}OCH_3 + H_2O$$

$$R{-}\overset{+OH}{C}{-}OCH_3 \rightleftharpoons CH_3{-}O{-}\overset{O}{\overset{\|}{C}}{-}R$$

从反应历程可见，酯化反应是一个可逆反应。所以，在反应平衡点时，反应相总存在一定量的产物和反应物。为了提高酯的产量，通常加过量的脂肪酸或醇，或不断地从反应相中移去生成的水。如果生成的酯沸点很低，则可以用加热的方法将酯蒸出。总之，是为了破坏反应平衡，得到更高的酯产量。

7.4.2.3　酯交换反应

酯交换包括了酯与醇的作用，称为醇解；酯与酸的作用，称为酸解；酯与酯的作用，称为酯交换。生物柴油生产工艺是利用了酯交换的醇解反应，即油脂（甘油三酯）与甲醇在催化剂的作用下，可直接生成脂肪酸单酯（生物柴油）和另一种醇（甘油），而不必将油脂水解后再酯化。此反应可用酸催化，也可以用碱催化。反应式如下：

$$\begin{array}{l} CH_2{-}O{-}\overset{O}{\overset{\|}{C}}{-}R \\ | \\ CH{-}O{-}\overset{O}{\overset{\|}{C}}{-}R' \\ | \\ CH_2{-}O{-}\overset{O}{\overset{\|}{C}}{-}R'' \end{array} + 3CH_3OH \overset{\text{酸或碱}}{\rightleftharpoons} \begin{array}{l} CH_2{-}OH \\ | \\ CH{-}OH \\ | \\ CH_2{-}OH \end{array} + \begin{array}{l} R{-}\overset{O}{\overset{\|}{C}}{-}O{-}CH_3 \\ R'{-}\overset{O}{\overset{\|}{C}}{-}O{-}CH_3 \\ R''{-}\overset{O}{\overset{\|}{C}}{-}O{-}CH_3 \end{array}$$

从反应历程可见，酯化反应是一个可逆反应。所以，在反应平衡点时，反应相总存在一定量的产物和反应物，为了提高酯的产量，通常加过量的脂肪酸或醇，或不断地从反应相中移去生成的水，如果生成的酯沸点很低，则可以用加热的方法将酯蒸出。总之，为了得到高的酯产量，反应平衡一定要破坏。

7.4.3 生物柴油的制备方法及典型案例

生物柴油的制备包括物理、化学和生物方法。物理方法包括直接混合法和微乳液法。直接混合法工艺简单，但生产的生物柴油质量不高，不能从根本上改变植物油的高黏度性能。植物油在很长一段时间内仍然不能用于柴油发动机。微乳液法受环境因素的影响，易因环境变化而发生破乳。因此，物理方法在添加比例和使用效果方面具有显著的局限性。化学方法包括高温热解、酯交换和非催化超临界方法，其中高温热解产物难以控制，设备昂贵，应用较少。与化学方法相比，超临界方法具有更高的产率、更快的反应速率、更简单的产物分离过程和更低的原料要求（对油中游离脂肪酸和水的含量没有任何要求）。但这种方法需要在高温高压下进行，因此需要高能耗。生物方法包括酶催化的酯交换反应。酯交换包括液相反应酯交换、干介质反应酯交换，高温高压酯交换和脂肪酶催化酯交换。酯交换法具有工艺简单、操作成本低、产品性能稳定等优点，是国内外应用最广泛的工艺。❶

7.4.3.1 地沟油制备生物柴油

地沟油会污染水和空气，并被加工成劣质食用油返回餐桌，危害人们的健康。但它可以作为一种高质量的资源来使用。地沟油不仅可以作为生产脂肪酸、甘油等化工产品的化工原料，也是生产生物柴油的良好原料。以地沟油为原料生产的生物柴油，其理化性能符合德国标准。其动力和排放性能与植物油相当，排放标准可达到欧洲 11 号。它具有很强的经济竞争力。为防止地沟油回流餐桌，国务院办公厅印发了《关于加强地沟油治理和餐厨垃圾管理的意见》，明确提出要严厉打击非法制售"地沟油"，同时探索适当的食物垃圾回收和无害化处理技术路线和管理模式。❷

---

❶ 江元汝，黄建辉，秦竹丽. 生物柴油应用研究进展 [J]. 辽宁化工，2006（11）：656-659.

❷ 李洁琼. 地沟油可变废为宝　产业化发展仍需时日 [J]. 中国农村科技，2014（4）：62-63.

地沟油制备生物柴油运用酯交换原理，即在催化剂 NaOH 存在下达到酯交换，将预热好的地沟油，甲醇以及反应中作为催化剂的 NaOH 在反应器混合反应，为保证酯交换完全，初次酯交换的反应产物在第二反应器再次反应。该反应产物在采用以特殊设计可持续工作的分离器中被分为生物柴油和甘油相。将生物柴油相在反应器中水洗，以除去其中残留的催化剂、溶解皂和甘油并在随后加以分离，分出的水相甘油相，以使残留的皂由生物柴油中分离出来。酯交换反应工艺流程如图 7-5 所示。

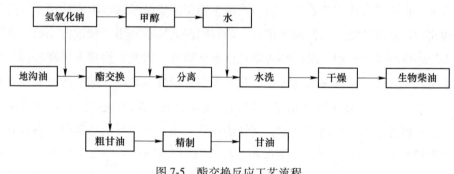

图 7-5　酯交换反应工艺流程

随着生物柴油产业的兴起以及非法商贩的争抢，地沟油从原先众所不知的垃圾变为了供不应求资源。当前，餐饮废油脂来源广泛，产量巨大且廉价，利用餐饮废油制备生物柴油具有广阔的市场前景。在我国利用餐饮废油脂制造生物柴油符合世界上废油脂再利用的一大趋势。近年来，利用餐饮废油制备生物柴油的专利越来越多。有关此领域的专利也大量涌现，但离真正工业化还有一定距离。同时废油杂质含量高、游离脂肪酸多，也带来新的问题。餐饮废油生产的生物柴油的国家标准，使用效果还需进一步研究。

7.4.3.2　农村秸秆制备生物柴油

农村秸秆主要包括粮食作物、油料作物、棉花、麻类和糖料作物等五类，是生物质资源的重要来源之一，玉米秸秆如图 7-6 所示。据统计，中国各种农作物秸秆年产量约 6 亿吨，占世界作物秸秆总产量的 20%～30%。秸秆的大量剩余，导致了一系列环境和社会问题。

目前，采用热化学法将秸秆等生物质能转化为生物油的技术已引起世界各国的普遍重视。王华等人对植物秸秆纤维在浓硫酸/苯酚为催化剂、乙二醇为反应

图 7-6 玉米秸秆

介质的液化反应进行了研究，结果表明，植物秸秆在浓硫酸/苯酚（浓硫酸占所加物质总量的质量分数为 6%）混合催化体系中，当温度 160℃、时间 70min 时效果最好。[1]

生物质快速热解生产液体燃料油技术为彻底解决农林作物资源的最大化利用、改善农业和农村生态环境、实现农业循环经济和可持续发展、提高农民收入、改善农村产业结构、改善农村缺能现状、解决剩余秸秆就地焚烧或随意堆弃造成大气污染、土壤矿化、火灾等大量的社会经济和生态问题提供了技术支撑，对于农业和农村发展具有重要的经济和社会意义。

[1] 娄玥芸，张惠芳. 秸秆生物质能源的应用现状与前景 [J]. 化学与生物工程，2010（9）：73-76.

8 生物质饲料转化与堆肥技术

随着工业时代的到来，化石燃料在历史的舞台上燃起熊熊烈火，为人类现代生活带来了光明与希望，解放了人类的双手，人们的物质生活水平得到极大的改善，但同时也灼烧了地球的容颜。经济迅速腾飞，接踵而至的是能源危机、全球变暖、生态环境恶化等不容忽视的现实。作为可再生的、清洁型的"太阳能改装工厂"，生物质能逐渐成为能源发展的重要方向。本章主要介绍生物质饲料转化技术与堆肥技术。

8.1 生物质饲料转化技术概述

8.1.1 生物质饲料转化技术概念及原理

生物质饲料转化技术是指将禽畜粪便、农林秸秆废弃物、餐厨垃圾等富含饲料营养成分的生物质通过一定的技术手段转化为适口性好、牲畜喜食、消化率高的优质饲料，以用于饲喂牲畜。其不仅有利于缓解中国畜牧业发展的饲料制约问题，同时亦促进中国节粮型畜牧业的发展。

对于农林秸秆废弃物而言，其主要组成为纤维素、半纤维素和木质素。其中，纤维素与半纤维素以化学键连接，形成稳定的结构；木质素呈网格状，最主要的结构单元是由对羟基肉桂醇单体和相关化合物的氧化偶联合成的芳香族苯丙素亚单位和木质素醇，被认为是刚性较强和相对难处理的生物聚合物。其与半纤维素共价结合，为细胞壁提供强度和刚度，这些因素导致秸秆难以利用。除部分农林秸秆废弃物（小麦秸秆、豌豆荚等）可直接用于饲喂动物外，其余皆需饲料化处理以降低纤维素的结晶度，减少木质素的含量，增加酶水解底物的比表面积，从而提高纤维素酶对纤维素的降解程度，❶更加迅速地将碳水化合物转化为

---

❶ 王义刚，吴淑芳，刘刚，等．白腐菌预处理对稻草化学组分及酶水解的影响［J］．纤维素科学与技术，2013（3）：16-22．

单糖，以提高秸秆的适口性及消化率。生物质饲料处理不仅有利于提高其在生产中的应用性，同时可缓解粮食供需矛盾，对保护农业生态环境具有重要的现实意义。

就禽畜粪便而言，其粗蛋白含量比禽畜饲料高50%，另外富含多种必需氨基酸、钙、磷、微量元素及各种维生素等。有研究表明，每100kg鸡粪饲料相当于15kg麦粉精料，作为饲料具有可观的经济价值；但其中亦含有病原菌、寄生虫等，因此使用前需经高温及微生物处理等手段以尽可能消除有害成分。将禽畜粪便处理之后用作饲料，不仅可以解决禽畜粪便的污染问题，同时也可以增加饲料来源，提高养殖效益。

餐厨垃圾作为生物质的重要组成部分，产生较为集中，集中资源化处理较容易。但其组成、性质和产生量随经济条件、地区差异、居民生活习惯、季节变化等的变化而有所差异。总体而言，餐厨垃圾具有含水率高（大于70%）、有机物含量高（约占干物质质量的95%以上）以及营养物质丰富（氮、磷、钾、钙以及各种微量元素等）等特点。

藻类用作饲料的研究相对较少，其蛋白质含量较低，但含有氨基酸、维生素、矿物质等营养物质，可增强机体免疫力、抗病毒、促进生长等，但不同藻类其成分含量变化较大。海藻转化为饲料时应注意控制其高纤维浓度，以及需提高牲畜对其的蛋白质消化率。

综上而言，生物质具有以下适于饲料转化的优点：（1）有机物含量高，营养成分丰富；（2）硫、氮等含量较少，可以减轻对环境的污染；（3）具有可再生性，且来源广泛，产量较为稳定。但目前受经济及技术的限制，其利用率尚不高，仅占全球能源消耗总量的22%。

8.1.2 生物质饲料转化技术分类

8.1.2.1 青贮饲料生产技术

青贮是指通过乳酸菌等有益菌的发酵作用将各类农作物秸秆、禽畜粪便等转化成具有芳香气味，适口性好、消化率高以及营养丰富的粗饲料。在此过程中，厌氧发酵产生的酸性环境能够抑制各种有害微生物的繁殖，从而达到长期保存青绿多汁饲料及其营养成分的目的。其具体工艺可以分为普通常规青贮和半干青贮（低水分青贮），后者的特点是干物质含量比前者多，含水量45%~55%（前者含水量 65%~75%），微生物细胞处于生理干燥状态，活动微弱，从而保障原料营养损失较少，因此半干青贮的质量比普通常规青贮高。

（1）青贮饲料的生产原理。青贮饲料的发酵过程一般分为以下几个阶段：

1）有氧呼吸阶段。青贮原料加入青贮设施中之后，植物细胞仍保持活性状态，利用原料中残存的氧气继续进行呼吸作用，消耗碳水化合物，排出二氧化碳，同时蛋白质亦被降解为氨态氮和多肽。在此阶段，温度上升。在压实密封状态好的前提下，温度可维持在 20~30℃。

2）发酵阶段。氧气耗尽，好氧菌停止活动，乳酸菌大量繁殖，产生大量乳酸及乙酸，这一过程可由下式表示。此时，环境 pH 值降低至 3.4~4.0，抑制其他杂菌的生长。

$$C_6H_{12}O_6 \xrightarrow{\text{厌氧环境}} 2C_3H_6O_3$$

3）稳定阶段（存贮阶段）。随着 pH 值的持续降低，乳酸菌的繁殖亦被自身产生的酸所抑制，整个体系进入稳定阶段。

4）饲喂阶段（有氧腐败阶段）。随着开窖饲喂的进行，青贮饲料会暴露于空气中，氧气的进入使得酵母菌、霉菌等开始生长，饲料的有氧稳定性将体现出来，稳定性高的青贮饲料腐败慢，质量优。

青贮过程中参与活动和作用的主要微生物种类及其功能、特征见表 8-1。

表 8-1　青贮饲料中主要微生物种类及其功能、特征

微生物	常见种类	功　能	特　征
乳酸菌	同型发酵乳酸菌和异型发酵乳酸菌，主要有 Lactobacillus、Enterococcus、Leuconstoc、Lactococus 和 Pediococcus	青贮饲料中主要的厌氧微生物	同型发酵利用糖发酵，最终产物主要是乳酸；异型发酵时产生乳酸、乙酸和乙醇等。相对而言，同型发酵能更充分利用营养，减少物质损失
真菌	酵母菌和霉菌等	酵母菌被认为是青贮初期饲料变质的最重要的微生物因素；霉菌是青贮料中的有害微生物，也是导致青贮饲料好气性变质的主要微生物	厌氧条件下，酵母菌发酵将糖降解为乙醇和 CO_2，使得青贮饲料有酒香味，同时使青贮的 pH 值升高，促进腐败细菌生长；霉菌分解糖分和乳酸，且部分产生毒素

微生物	常见种类	功　　能	特　　征
梭菌	丁酸梭菌、类腐败梭菌和酪丁酸梭菌、双酶梭菌和生孢梭菌等	在厌氧状态下生长，能分解糖、有机酸和蛋白质，是青贮饲料中的有害微生物	梭菌的最适 pH=7.0~7.4，最适生长温度为37℃；随着发酵的进行，青贮饲料中的 pH 值逐渐降低，梭菌的生长逐渐受到抑制
腐败菌	大肠杆菌和芽孢杆菌等	主要分解青贮饲料中的蛋白质和氨基酸	芽孢杆菌在青贮饲料的好氧变质中起着重要作用，它会导致饲料腐烂变质，产生气味和苦味

（2）青贮品质的影响因素。青贮饲料的质量取决于青贮饲料原料的质量以及加工和调制的过程。获得优质青贮饲料的前提是使青贮原料的营养价值最大化，而加工条件的控制是青贮饲料质量的关键。

1）干物质含量（或原料含水量）。干物质含量是青贮成败的关键，影响细菌总数和发酵速率。原料含水量过高，易造成梭菌发酵，过分降解糖、有机酸和蛋白质，使得营养损失较大，同时会使饲料糖分含量降低，不利于乳酸菌繁殖；相反，若含水量过低，则易导致压实困难、室内空气难以排出，抑制青贮发酵。

研究发现，当牧草中的干物质含量高于 500g/kg 时可最大程度地降低粗蛋白的降解，保留青贮饲料中蛋白质的含量。另外，适宜的可溶性糖的含量是乳酸菌发酵的物质基础，也将影响青贮品质。

2）原料的机械处理。理想的青贮原料长度是高含水牧草 6.5~25mm、半干牧草 6.5mm、玉米 6.5~13mm，切碎的原料更有利于装填时压紧压实，排除空气，形成厌氧环境，从而抑制好氧菌的活动，为乳酸菌的发酵提供一个良好的环境；另外，切碎原料也有利于提高牲畜的采食量。但在切碎以及青贮过程中，青贮原料汁水的流出会增加饲料营养成分的流失，因此，应综合考虑发酵品质以及牲畜采食量。确定切碎长度遵循的原则是：粗硬原料应切得更短些，细软材料可稍长些。

3）青贮添加剂。青贮添加剂通常分为发酵促进型添加剂、发酵抑制型添加剂和营养型添加剂。前两类添加剂是提供控制发酵程度来调控青贮过程，促进剂是加入乳酸菌、纤维素酶等添加剂以促进发酵；抑制剂是通过加入酸类（甲酸、乙酸、丙酸、盐酸、硫酸等）降低体系 pH 值，直接形成适合乳酸菌生长的环境，同时抑制有害微生物的繁殖。营养型添加剂是指根据不同的原料加入一定的药剂以补充其中营养物质的不足。

（3）青贮饲料的生产原料。青贮饲料生产的原料本身的品质对青贮质量的影响非常大。青贮饲料的原料应具有适宜的含水量（65%～75%）以及较高的含糖量（应占其鲜重的 1.0%～1.5%），同时，应优先选择碳水化合物含量高的原料，避免选择蛋白质含量高的，这类原料不易青贮成功。最常见的青贮原料有以下几种；

1）禾本科作物及牧草。玉米、小麦、高粱等含糖量较高的作物。其中，玉米被誉为"近似完美"的青贮原料。狗尾巴草、黑麦草、大麦草等禾本科牧草亦可调制成优质的青贮原料。

2）豆科作物。豌豆、大豆、首稽、豇豆等蛋白质含量高，含糖量少，在青贮时可加入含可溶性碳水化合物多的饲料混合青贮。

3）根茎类作物。马铃薯、胡萝卜、甜菜等含糖量与淀粉含量均高，可与豆科作物等混贮以获得优质青贮饲料。

4）禽畜粪便。常作为添加物加入农业废弃物的青贮中。

5）有机添加剂。谷物粉、米糠以及麸皮等可添加到本身碳源较少的原料中以补充碳源。目前，青贮原料的来源不再局限于常规原料，专门种植青贮饲料作物已经成为青贮原料的另一种重要来源。

（4）青贮饲料的生产工艺。青贮饲料生产工艺流程如图 8-1 所示。

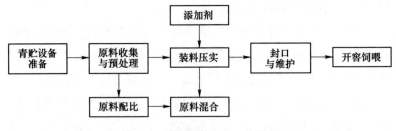

图 8-1　青贮饲料生产工艺流程

青贮饲料生产工艺流程中，各个环节的详细内容如下：

1）青贮设备。青贮设备主要分为固定青贮设备与移动青贮设备。固定青贮设备主要包括青贮窖、青贮塔等，移动青贮设备主要指青贮袋等。

2）原料收集与预处理。确定原料适宜的收割时间以保留其最多营养物质。一般而言，禾本科植物宜在抽穗期收割，豆科牧草在开花期收割，带穗玉米青贮宜在乳熟期后期至蜡熟前期收割，若进行半干青贮则在蜡熟期收割。收割运输之后，视情况切碎至所需长度。

3）装填压实。原料切碎之后应及时装填。装料之前，可在青贮设备底部铺上一定厚度的秸秆，以吸收青贮液汁。每装 30cm 的厚度踩实一次，装料的紧实程度最终决定青贮效果的好坏，越紧实青贮效果越好。最后中间填料高度必须保证高出青贮设备 1.2~1.5m，两边填料要高出 0.3~0.5m，以确保后期青贮原料由于自身重力下降后的高度仍高于青贮设备，从而防止雨水沿青贮设备墙壁进入其中导致原料腐烂。在填料过程中应放入适量添加剂以保证含水量在 65%~75% 之间。

4）封口与维护。封口时先铺塑料薄膜，再加土压实，中间高于两侧，有利于排水，同时青贮设备的四周挖排水沟，以防雨水渗入。密封之后要经常检查，防止漏水、漏气。

5）开窖。青贮饲料一般经过 40~60d 即可发酵成熟，豆科牧草在 3 个月左右，便可以开窖使用。取用饲料时，打开青贮设备，弃去最上 10~20cm 的废料，取出时应一层一层取，取完后密封。

8.1.2.2　微贮饲料生产技术

微贮（微生物处理技术）与青贮原理相似，不同之处在于其需向农林秸秆废弃物等微贮原料中加入纤维分解菌、秸秆发酵活杆菌、白腐真菌、酵母菌及有机酸发酵菌等微生物，利用其发酵分解作用将原料中的纤维素、木质素最终转化为乳酸和脂肪酸等的技术。

（1）微贮饲料的生产原理。通过微生物的发酵分解作用所得的饲料具有酸香味，且含有较高的菌体蛋白质和生物消化酶，家畜易消化吸收；同时，微贮饲料制作成本低廉、无毒无害、与农业不争化肥不争农时，充分利用秸秆草料饲喂草食家畜，具有适口性好、采食量高、消化率高、效益好、便于推广应用等特点。

（2）微贮饲料的生产原料。微贮技术在实施时通常使用秸秆、牧草、藤蔓等作为原料。一些不适于青贮的原料，例如已经干黄的秸秆和牧草等可以用来微贮。微贮原料中的植物细胞已经基本死亡，细胞不存在呼吸作用，胞内可溶性糖分较少，水分含量低，粗纤维含量较高。禽畜粪便等也可作为添加剂参与微贮。常见的微贮原料主要有以下几种：

1）秸秆类。如玉米秸秆、大豆秸秆、稻草、花生藤等。

2）牧草类。目前人工种植的牧草因其高效的产草量以及高营养成分而广泛应用于微贮，如矮象草、黑麦草、柱花草、木豆、银合欢等优质牧草。

3）粮食及副产品类。如玉米、黄豆、豆粕、麸皮、米糠等含粗纤维少、蛋白质高及可消化养分多的原料。

（3）微贮饲料的生产工艺。微贮饲料的生产工艺流程与青贮相似，如图 8-2 所示。

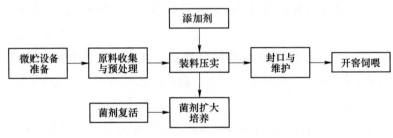

图 8-2　微贮饲料生产工艺流程

微贮饲料生产工艺流程中，各个环节的详细内容如下：

1）微贮设备。微贮饲料的生产工艺不仅在理论上与青贮相似，在设备上也与其相似，主要有微贮池、微贮窖以及微贮袋等。

2）原料收集与预处理。微贮原料应保证清洁、无发霉变质，其粒径应予以控制，根据饲喂的牲畜的不同来确定长度，一般养羊 3~5cm，养牛 5~8cm，以便于压实和排除空气。

3）微生物制剂菌种的活化。微贮工艺中所加入的微生物制剂应先溶于一定温度适量的水中，充分溶解之后在常温下放置 1~2h。配置菌液时将复活的微生物制剂倒入 0.8%~1.0% 的食盐水中均匀搅拌，待装料时喷洒。菌液宜现用现配，避免放置时间太久，其用量取决于所选菌种。

4）装料压实。每装 20~30cm 厚度时，需均匀喷洒一遍菌液，同时，将填料踩实，排出其中的空气，再继续装入填料。重复以上动作直至装填至高于微贮设备 40cm。此过程中，微贮剂的添加量一般为微贮原料的 0.05%~0.1%，若微贮含水量不高，可喷洒一定量的水，将其控制在 60%~70% 之间。

5）封口与维护。封口时需先在填料最上层装料均匀地洒上食盐，以防止上部填料腐烂，然后覆上塑料薄膜，之后铺上一定厚度的长麦秸或稻草，密封以隔绝空气。

6）开窖。发酵完成时间视环境温度而定。一般 5~8 月份 21~30d，4 月、9 月份 30~40d，其他月份 40d。取用饲料时，打开微贮设备，弃去最外层的微贮料，然后逐层取用，当天取的料当天喂完，取料时间尽可能短，每次取料完成之后需要再次密封，以防饲料发霉变质。

（4）微贮饲料质量评定。取料之前需检查微贮饲料的质量，一般从颜色、气味和手感等角度来鉴定。

1）颜色。主要观察饲料的颜色以及形态。优质的微贮青玉米秸秆饲料色泽呈橄榄绿，稻秸、麦秸呈金黄褐色，结构完整，无霉烂、结块现象。若饲料颜色呈现褐色或墨绿色，则说明发酵过程中有杂菌干扰或漏气，生成饲料质量低劣。

2）气味。主要是闻秸秆的气味。优质的微贮饲料具有浓郁的水果香味和醇香味，同时具有弱酸味。若微贮饲料有强酸味，则说明其中的醋酸较多，由含水量过高以及高温发酵造成的；若饲料有霉味，则说明微贮发酵失败，由过程中压实不够，有害微生物发酵导致，则该饲料不能用于饲喂。

3）手感。主要是用手感受微贮饲料的质地形态。优质的微贮饲料手感柔软松散，质地湿润。若拿到手中发黏，则说明饲料开始霉变；若饲料干燥粗硬，说明没有发酵好，也属于低劣饲料。

8.1.2.3　氨化饲料生产技术

氨化是指在密闭环境下，将氨水、无水氨（液氮）或尿素溶液等含有无机氮的物质，按照一定比例喷洒在农林秸秆废弃物等粗饲料上，经一段时间的处理，提高原料饲用价值的过程。氨化处理最初仅用于非蛋白氮的利用，到 20 世纪 60~70 年代才转向处理各种粗饲料以提高其营养价值的研究。

（1）氨化饲料的生产原理。经过氨化处理得到的饲料称为氨化饲料，其主要适用于饲喂牛羊等反刍动物，而不适于饲喂驴、马、猪等家畜，同时幼小反刍家畜瘤胃内的微生物系统尚未完全形成，因此也不适宜饲喂。氨化处理可使饲料变得更柔软，散发出糊香或酸香味，并且降低原料中粗纤维的含量，提高其饲用价值。氨化处理原理主要包括三个方面。

1）碱化作用。氨化过程中喷洒的氨水、无水氨和尿素等均属于碱性溶液，其中的氢氧根可使木质素和纤维素之间的结合键断裂或变弱,从而使得结构膨胀,半纤维素和一部分木质素及硅酸盐溶解。

2)氨化作用。过程中挥发出来的氨(NH_3)遇到氨化原料时,会与其中的有机物发生氨解反应,形成产物铵盐。铵盐是一种非蛋白氮的化合物,为反刍家畜瘤胃微生物提供良好的氮素营养源,合成优质菌体蛋白。

3)中和作用。呈碱性的氨与秸秆中的有机酸化合,中和原料中的酸度,为瘤胃微生物的消化活动提供有利条件。

(2)氨化品质的影响因素。氨化品质的影响因素如下:

1)氨的用量。氨的用量对原料氨化起到至关重要的作用。一般氨用量占秸秆干物质的 3.5% 左右为宜;无水氨用量为 2.5%~3.5%,尿素的用量一般为 5%~7%。

2)温度。氨化处理时间受温度影响很大,温度越高,氨化时间越短。一般温度在 5~15℃时,处理时间为 4~8 周;15~30℃时,仅需 1~4 周;当温度达到 30℃以上时,氨化处理时间控制在 1 周以下。

3)含水量。一般情况下,氨化效果随秸秆中含水量的增加而增加。当秸秆含水量从 12% 增加到 50% 时,对氨化处理秸秆有机物体外消化具有良好的效果。但原料中过高的含水量会导致其发霉变质且增加了管理的难度。

4)原料的类型和质量。选用原料的粗纤维含量越高,氨化效果越好。如小麦秸秆的氨化效果明显优于玉米秸秆。

(3)氨化饲料的生产原料。氨化饲料的原料主要为木质素、纤维素和半纤维素含量较高的秸秆类农业废弃物,包括大麦、小麦、水稻、玉米以及豆类秸秆等,含水量应控制在 30% 左右。

(4)氨化饲料的生产工艺。氨化工艺可以分为堆垛式氨化工艺、窖注式氨化发酵工艺与塑料袋氨化法虽形式不同,但均遵循图 8-3 所示的氨化饲料生产工艺流程。

氨化饲料生产工艺流程中,各个环节的详细内容如下:

1)氨化准备。氨化的设备有窖池以及塑料袋,对于堆垛式氨化工艺则无需选择氨化设备,但仍需选择地势高燥,排水良好的地方。

2)原料收集与预处理。氨化原料收集之后,需切碎至 2~5cm,一般喂羊切至 1.5~2.5cm,喂牛则稍长至 3~5cm,也可整株氨化,若是刚收割的原料,则无需调整。

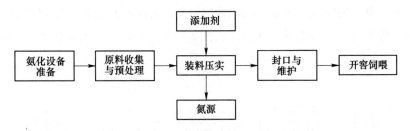

图 8-3 氨化饲料生产工艺流程

3）装填。原料初步处理之后，需装入氨化设备，每装入一层填料，就需喷洒配制好的氨水或尿素溶液并踩实填料，氨水或尿素的用量为原料质量的 3%～5%，喷洒时应注意下层填料喷洒量宜少。

4）封口与维护。填料至高出氨化设备 20～30cm 时，用塑料薄膜封好，并用湿泥封严边缘，确保气密性。在氨化过程中，需时常检查设备密封情况。

（5）氨化饲料质量评定。氨化饲料可直接以感官鉴定其品质，主要有以下几点：

1）颜色。品质较好的氨化饲料颜色呈黄褐色或棕黄色；若颜色呈黄白、褐黑，则品质较次，弃去霉变部分后可少量饲喂；若氨化饲料呈灰白或褐黑，则说明氨化品质低劣。

2）气味。具有糊香味以及氨味的饲料，品质较好；氨化不成熟的饲料没有香味且氨味也较淡；腐败变质的饲料具有明显的刺鼻的臭味，不能使用。

3）质地。品质较好的氨化饲料质地松软，氨化后的玉米秸秆质地柔软蓬松，用手紧握有明显的扎手感。

（6）膨化和热喷处理。膨化和热喷属于物理方法，通过改变原料的长度及硬度等，增加其与家畜瘤胃中微生物的接触，从而提高其消化利用效率。❶

1）热喷技术。热喷技术的原理包括热效应和机械效应。热效应是指通过170℃高温蒸汽作用，破坏原料细胞间及细胞壁上的木质素、纤维素和半纤维素，部分氢键断裂而吸水。机械效应是在高压喷放过程中，原料高速（150～300m/s）排出，产生作用于其茎秆巨大的摩擦力，再加上高温蒸汽的张力，从而将茎秆撕碎使细胞呈游离状态，从而增大与消化酶的接触面积，并提高采食量及消化率。

---

❶ 赵洪波．不同时间快速氨化玉米秸秆对羔羊生长的影响［J］．黑龙江畜牧兽医，2009（9）：51-52.

热喷的原料主要包括禽畜不愿采食的坚硬农林秸秆废弃物、富含粗蛋白质或矿物质的禽畜粪便、动物副产物以及氨化饲料等。热喷工艺流程如图 8-4 所示。

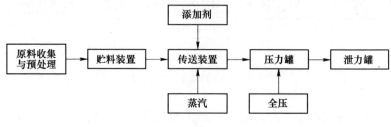

图 8-4　热喷工艺流程

2）膨化技术。膨化技术是将原料调质之后输入专用挤压机的挤压腔，依靠原料与挤压腔中的螺套及螺杆之间的相互挤压、摩擦作用，产生热量与压力（200℃，1.5MPa），当原料被挤出喷嘴之后，压力骤然下降，从而破坏纤维素、半纤维素结构，降解木质素，增加可溶性成分，使秸秆体积膨大，使得饲料在牲畜消化道内与消化酶的接触面扩大，提高其饲用价值。但专用膨化设备投资较高，限制了其在现实生产中的大范围应用。

膨化工艺流程如图 8-5 所示。原料准备过程中应手动去除其中的沙石、铁屑等杂质，以防止损坏机器和影响膨化质量；利用粉碎机将秸秆进行粉碎以减小其粒度，使调质均匀；调质时应控制秸秆类的含水量为 20%～30%，豆类秸秆为 25%～35%。利用膨化机对调质之后的原料进行挤压膨化，挤压腔温度应控制在 120～140℃，压力控制在 1.5～2.0MPa；膨化之后的原料置于空气中冷却之后，装袋保存。膨化之后的饲料由于受热效应和机械效应的双重作用，原料中的纤维细胞和表面木质得以重新分配，为微生物的生长繁殖创造了条件；同时，膨化后的饲料质地疏松、柔软，改善了饲料的风味，利于提高牲畜的采食量。

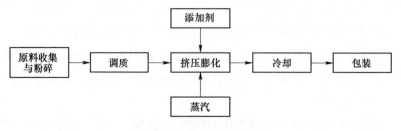

图 8-5　膨化工艺流程

8.1.2.4 菌体蛋白饲料

菌体蛋白（microbiological protein，MbP）又称单细胞蛋白（single cell protein，SCP），二者稍有区别，但目前二者已基本通用，是指细菌、酵母菌、霉菌和藻类等微生物体内所产生的蛋白质。菌体蛋白饲料技术是利用各种基质大规模培养上述微生物以获得微生物蛋白饲料的一种工艺。

（1）菌体蛋白饲料的生产原料。菌体蛋白饲料的生产原料来源广泛，如工农业生产废水、废渣，工农业加工下脚料、城市生活垃圾等都是生产菌体蛋白饲料的重要原料。

1）工业废液。造纸工业中的亚硫酸纸浆废液、味精工业中的味精废液、酒精废液、油脂工业废水等都可以用于生产菌体蛋白饲料。

2）农林牧渔业下脚料。淀粉渣、蔗渣、甜菜渣、糖渣、稻草、稻壳、麦秸、树叶、木屑、林业废弃物、果渣、油菜籽饼、棉菜籽饼、禽畜粪便、鱼类加工废液等，都可以用来生产菌体蛋白饲料。❶

3）石油类资源。石油原料，如柴油、正烷烃、天然气等；石油化工产品，如醋酸、甲醇、乙醇等均可作菌体蛋白饲料的原料。

（2）菌体蛋白饲料常用微生物。通常选用繁殖快速、生长良好、对基质利用率高、本身蛋白质含量高以及生产工艺简单易操作的菌种来生产菌体蛋白饲料，主要包括细菌、酵母菌、霉菌及部分单细胞藻类微生物等。

1）细菌。乳酸菌、肠道杆菌、腐败菌等均可用于生产菌体蛋白饲料，且生产周期短，产物蛋白含量高，但因细菌个体微小，后续分离存在困难，且生产的蛋白质不易被饲喂的牲畜消化，故目前不被作为研究重点。

2）酵母菌。酵母菌是目前生产菌体蛋白饲料的微生物类群中研究和应用最广泛的一类，产朊假丝酵母、产朊球拟酵母、热带假丝酵母、拟热带假丝酵母、啤酒酵母、葡萄酒酵母、巴氏酵母、生香酵母和白地霉、多毕赤酵母、范立德巴利酵母、乳酸酵母、乳脂球拟酵母等均适用于生产菌体蛋白饲料。

3）霉菌。霉菌属需氧喜酸性环境的微生物，其种类多样，分布广泛，常用于生产菌体蛋白饲料的有绿色木霉、康氏木霉、根霉、曲霉、青霉、淡斑霉等。

---

❶ 邓桂兰，郑艾初，魏强华. 菌体蛋白饲料的研究与开发［J］. 江苏食品与发酵，2006（3）：25-27.

4）微藻。蓝藻和绿藻是最常用于生产菌体蛋白饲料的微藻种类，其丰富的氨基酸、维生素以及矿物质等有助于增加饲料的营养价值。

（3）菌体蛋白饲料的生产工艺。固态发酵是指微生物在含水量为30%～70%的固态湿培养基上发酵的过程。具有易干燥、低能耗、高回收的优点，对基质利用率较高，固态发酵生产菌体蛋白饲料的工艺流程如图8-6所示。

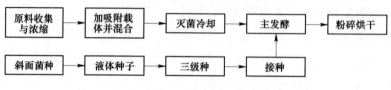

图8-6　固态发酵生产菌体蛋白饲料的工艺流程

液态发酵生产菌体蛋白饲料是将糟液分离得到的废水，添加营养盐等调浆之后，调节 pH=4.4 左右，再接种微生物发酵，最终经分离、干燥得成品饲料。典型的液态发酵生产菌体蛋白饲料工艺流程（以酒精废水为例）如图8-7所示。

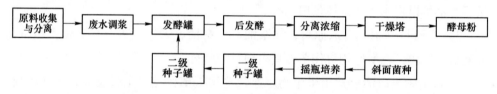

图8-7　典型的液态发酵生产菌体蛋白饲料的工艺流程

作为一种新型的蛋白质饲料资源，菌体蛋白饲料虽营养丰富，但其在开发利用过程中也存在一些问题，如某些蛋白中含有对禽体有害的物质，尤其是石油蛋白和细菌蛋白；再如细菌蛋白和酵母菌蛋白中的核酸含量较高，将导致禽体产生大量尿酸，引起痛风或风湿性关节炎等，因此在饲料生产过程中应加强对原料的选择以及严格灭菌操作；同时，加强对菌体蛋白饲料的安全性检测，以确保禽体饲养安全。

8.2　蛋白饲料加工方式与技术

8.2.1　糟渣类生物质资源的加工技术

目前，我国的糟渣资源大多是通过饲料化处理进行利用，主要的加工技术有如下两种。

8.2.1.1　直接脱水干燥法

直接脱水干燥法是将糟渣直接经脱水、干燥、粉碎、制粒等工序生产成配合饲料原料。为改善某种糟渣营养成分的欠缺，有时添加其他成分原料或几种糟渣搭配。该方法的特点是工艺简单，设备投资少，并可根据规模，糟渣含水率、糟渣物理形态等选择合适的加工设备。

8.2.1.2　发酵法

发酵法是将糟渣先经部分脱水，加入部分无机盐（或几种糟渣配伍），接入放线菌、曲霉和酵母菌等进行多菌种发酵，再经干燥、粉碎加工成配合饲料的原料。发酵法能够充分利用糟渣中的固形物并将其转化为菌体蛋白，提高饲料的营养价值，改善糟渣饲料的生产，现已在我国得到推广使用。

发酵法生产糟渣饲料具体的工艺流程如图 8-8 所示。

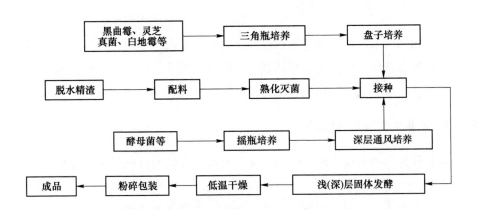

图 8-8　发酵法生产糟渣饲料具体的工艺流程

8.2.2　动物蛋白质下脚料饲料的加工技术

动物性蛋白质下脚料的利用方式很多，但常用的有以下几种。

8.2.2.1　发酵法

发酵法是将动物下脚料——猪胃内容物、废水沉淀物、血粉、肉骨粉、羽毛、蚕蛹等为原料，加入菌种经发酵后，再干燥粉碎即得成品，工艺流程可概括为原料→消毒→加菌→发酵→干燥→粉碎→包装→成品。[❶]

8.2.2.2　酶化法

酶化法是用生物酶对动物下脚料进行酶处理的一种加工方法。利用该法生产出来的动物性蛋白饲料中游离氨基酸的含量高，畜禽必需氨基酸组成完善，易被动物吸收利用；且该加工方法具有设备简单、投资少、技术要求不高的特点。[❷]

8.2.2.3　热喷法

用热喷技术加工的饲料可直接饲喂或配成配合饲料饲喂。热喷角蛋白类（羽毛、毛发、蹄角）可制成角蛋白、热喷血粉等，经热喷技术处理过的动物性下脚料，可杀死微生物，并保全蛋白质的生物学价值。

8.2.2.4　膨化法（干法挤压）

干法挤压是靠原料在挤压螺杆推压下与挤压腔内壁及阻力环等产生强烈摩擦而获得热能和高压，经挤压的产品通过挤压腔进入大气时，由于外界压力与骤降温度而膨胀，成为膨化蛋白饲料。

8.2.3　动物血发酵蛋白饲料

血粉作为一种蛋白来源，可用于生产牲畜的全价配合饲料。开发利用动物血的生产工艺主要分三类。

（1）把鲜血直接蒸发或喷雾干燥成血粉，简称干燥血粉。

（2）鲜血经蛋白酶水解后，干燥成粉，简称酶解血粉。

（3）鲜血经过添加辅料与微生物发酵后，干燥成粉，简称发酵血粉。

直接干燥的血粉，其蛋白质吸收利用率低，味道腥，适口性差。畜血经过发酵可以克服这些缺点。目前生产发酵血粉所使用的菌种，属一种好气性真菌，多数为米曲霉，一般从屠宰厂霉变活血中分离。发酵后的血粉蛋白饲料不再有血腥味，却有一股酒香味，适口性好，畜禽爱吃。而且发酵血粉饲料与原料相比，维

❶❷　周旭英，梁业森. 我国动物性下脚料资源的开发利用 [J]. 饲料研究，1996 (3) .

生素、促生长因子以及游离氨基酸总量都增加了，其中各种营养物质的含量更全面更平衡了，可溶性蛋白质和水溶性物质的百分含量也都有增加，确实是一种优质的蛋白质饲料。

8.2.4　液体鱼蛋白饲料

液体鱼蛋白饲料是利用水产品加工废弃物或低值鱼，经绞碎后，加入一定量的酸，或加入微生物发酵后，通过鱼体自身酶产生自溶作用，使其液化成浆状制品。

发酵方式有自然乳酸菌发酵和添加乳酸菌发酵两种。由于乳酸菌的生长繁殖需要糖类物质，而糖蜜廉价又容易为微生物所吸收利用，其添加量为 10% ~ 30%。如果没有糖蜜可以用 15% ~ 25% 的玉米粉、小麦粉、木薯粉，或 12.5% 的木薯粉加 12% 的木瓜粉等代替。

液体鱼蛋白饲料营养丰富，可与鱼粉媲美。而且它的蛋白质多以氨基酸和多肽的形式存在，更有利于动物消化吸收，加之赖氨酸、蛋氨酸的含量高于鱼粉，因此比鱼粉的饲喂效果更好。

8.2.5　复合蛋白饲料生产工艺

本工艺将原单一生产动物蛋白饲料和菜籽饼粕脱毒两工艺融汇在一起，其工艺流程如图 8-9 所示。

此种复合蛋白饲料，经过一年以上生产表明，其产品粗蛋白含量均在 60% 以上，硫葡萄糖苷含量低于 0.45mg/g，经饲养验证，增产效果接近鱼粉。

8.2.6　发酵复合蛋白饲料的生产

发酵复合蛋白饲料的生产的工艺流程如图 8-10 所示。

利用畜禽屠宰废弃物和菜籽饼粕生产复合蛋白饲料，使动物蛋白与植物蛋白有机结合，不但使蛋白质含量提高，氨基酸组分齐全，达到平衡互补，而且解决了单纯动物角蛋白水解后难干燥，以及饼粕脱毒能耗高等技术难题，其经济效益和社会效益都很好。

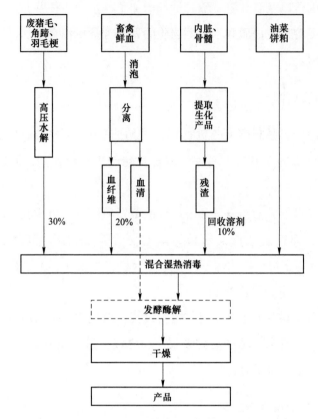

图 8-9　复合蛋白饲料生产工艺

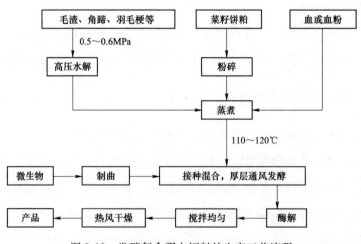

图 8-10　发酵复合蛋白饲料的生产工艺流程

8.3 农作物秸秆饲料化

在农业生物质能资源中,农作物秸秆是一种最主要的资源。我国是农作物秸秆生产大国,每年可生产7亿多吨,按照可利用系数85%计算,可用秸秆接近6亿吨,其中水稻、小麦和玉米占总产量的84.3%左右。随着我国政府对农业可持续发展政策的实施,农作物秸秆的产量每年以2.33%的平均增长率增长。

农作物秸秆的利用大致分为三类用途:一是工业原料,主要用于造纸,约占总量的2.3%;二是牲畜饲料,主要是作草食动物饲料,约占总量的24.0%;三是直接燃料或生物质能源,占31.5%。其余秸秆被闲置浪费或就地焚烧。因此,提高秸秆加工工艺,提高秸秆的适口性和消化率具有现实意义。

8.3.1 秸秆的构成及其营养特性

秸秆,通常指的是作物实际接收后的植物,其总有机物含量较高,通常在80%以上。因此,秸秆的总能量并不低,与玉米和淀粉大致相同,但其有机物的主要成分是粗纤维,因此秸秆粗糙坚硬,适口性差,难以消化,摄入量低。除了暴露、雨水、收割后作物在田间储存不当等因素的影响外,秸秆的质量差异很大,但总体而言,其营养价值较低,平均为0.2~0.3个饲料单位。

8.3.1.1 精秆的构成

秸秆由大量的有机物、水和少量的矿物质组成。有机物主要由碳水化合物以及少量的粗蛋白质和脂肪组成。碳水化合物由纤维状物质和可溶性糖组成。纤维物质包括半纤维素、纤维素和木质素,统称为粗纤维;可溶性糖类用无氮浸出物表示。秸秆中的矿物质是由硅酸盐及其他少量矿物质微量元素组成。秸秆成熟后,含维生素很少。

8.3.1.2 秸秆的营养价值

秸秆的营养价值主要取决于粗纤维的消化率,按其营养作用主要分为半纤维素、纤维素和木质素三部分。其中,纤维素在反刍家畜及草食类单胃家畜日粮中占有相当大的比例。木质素常与半纤维素、纤维素嵌合在一起,不易分离,故将其看成粗纤维的组成成分。木质素不仅影响微生物对纤维素和半纤维素的消化,而且也影响消化道中酶对其他有机物的作用，使饲料中有机物消化率下降。饲料中木质素每增加 1%，山羊的消化率就下降 0.8%.

通常情况下，豆科秸秆比禾本科秸秆木质素含量高。

通过以上的分析，秸秆的营养作用可概括为：

（1）粗纤维是反刍动物最经济的能量来源和碳源供体。它在瘤胃中被分解成挥发性脂肪酸（VFA）及碳架，VFA 可作为能量吸收利用；碳架能和氮基结合成非必需氨基酸。碳源还为细菌合成菌体蛋白所必需。

（2）粗纤维是保证乳脂率的关键物质。

（3）半纤维素和纤维素的消化需大量水分，进入家畜胃肠道后体积膨胀，起填充作用，使家畜有饱感。

（4）半纤维素、纤维素对肠黏膜有一种刺激作用，可促进胃肠的蠕动和粪便的排泄。

8.3.2　秸秆饲料加工技术

秸秆饲料含氮量、可溶性糖类、矿物质以及胡萝卜素含量较低，而纤维物质含量很高，动物采食量少，消化率低。因此，如何提高秸秆的消化率，补充蛋白质来源是秸秆饲料转化技术的关键。

近年来，随着我国畜牧业的快速发展，秸秆饲料加工新技术也层出不穷。除了直接饲喂外，现有物理、化学、生物等方面的多种加工技术在实际中得以推广应用，实现了集中规模化加工，开拓了秸秆利用的新途径。

8.3.2.1　物理法

切碎是最简单也是最常见的物理处理方法。其他方法包括浸泡、研磨、蒸、高压蒸汽处理、热喷涂、膨化和辐射。秸秆揉捏和秸秆饲料成型技术是近年来发展起来的新的物理方法，可以提高作物秸秆的适口性，增加饲料摄入量，提高消化率，但不能改变作物秸秆的组织结构，也不能提高其营养价值。

（1）秸秆揉搓加工技术。揉搓技术是将秸秆精细加工成质地柔软、丝滑的物质，可以提高牲畜的适口性、喂养率和消化率。根据反刍动物对粗蛋白质、能量、粗纤维、矿物质和维生素等营养物质的需求，将粉碎的农作物秸秆等粗饲料与浓缩物和各种添加剂充分混合，制备反刍动物全混合日粮（TMR）的技术从 20 世纪 60 年代开始推广应用。TMR 技术的应用可以有效防止动物选择添加到日粮中的劣质、适口性差的饲料，改变作物秸秆单独饲喂时适口性较差、消化率低的局面；有利于奶牛发挥产奶性能，提高繁殖率；它还可以节省劳动力并有助于控制生产。❶

（2）秸秆饲料压块技术。粗饲料成型机可以将秸秆和饲草压制成高密度的饼状，压缩比为1∶5甚至1∶15。可以大大减少运输和存储空间。如果与干燥设备一起使用，它可以抑制新鲜的草，保持其营养成分，并防止霉菌。高密度饲料饼用于日常饲养、防灾和动物保护以及商业饲料生产，可以取得显著的经济效益。❷

8.3.2.2 化学法

化学处理包括酸处理、碱处理、氧化剂处理和氮化等方法。酸碱处理研究较早，但由于其用量大，需要大量的水冲洗，容易造成环境污染，在生产中应用不广泛。

8.3.2.3 生物法

利用某些特定的微生物和分泌物处理作物秸秆，如青贮饲料和微贮。能产生纤维素酶的微生物能降解纤维素。降解木质素的微生物主要包括放线菌、软腐真菌、褐腐真菌和白腐真菌。

（1）青贮。利用微生物的发酵作用，在适宜的温度和湿度以及密闭条件下，厌氧发酵可以创造酸性环境，抑制和杀死各种微生物的增殖，实现绿色多汁的饲料及其营养物质的长期保存。这是一种简单、可靠、经济的方法，在世界各国的畜牧业生产中得到了广泛的推广和应用。青贮饲料气味酸香，柔软多汁，色泽黄绿色，营养不易流失，适口性好，易被动物消化吸收。它是冬春季节动物不可缺少的优质绿色多汁饲料。青贮方法包括半干青贮、添加一定添加剂的专用青贮和非草食性动物混合青贮。❸

（2）微贮。秸秆微贮饲料是指将高活性微生物菌株秸秆发酵活性干菌添加到作物秸秆中，储存在密封容器中。在适宜的温度和厌氧环境下，作物秸秆的木

❶❸ 辛丰. 秸秆巧加工 饲畜效益增 [J]. 农业机械, 2012 (35): 58-59.

❷ 房兴堂, 陈宏, 陶佩琳, 等. 农作物秸秆饲料化高效利用新技术 [J]. 饲料研究, 2007 (1): 74-75.

质纤维素物质转化为糖，然后通过有机酸发酵形成乳酸和挥发性脂肪酸。pH 值降低到 4.5~5.0，抑制丁酸菌和腐败菌等有害细菌的增殖，使秸秆能够长期储存而不腐败。主要过程是：使菌株复活→ 准备细菌溶液，切断所有吸管→ 填满地窖→ 封地窖→ 发酵→ 微贮饲料成品的含水量是决定其质量的重要条件之一，理想的含水量为 60%~65%。稻草稍微储存后，客户池中储存的材料会慢慢下沉，并应及时覆盖土封以防止空气泄漏。秸秆微贮后，投料率提高 40%，投料量提高 20%~40%，消化率提高 24%~43%，有机物消化率提高 29%。

（3）多维复合酶菌秸秆发酵饲料。除了用秸秆发酵活干菌进行上述发酵外，多维复合酶菌秸秆发酵饲料也是一项高科技生物工程技术，是由耐热芽孢杆菌群、乳酸菌群、双歧杆菌群等 106 种有益昆虫组成的微生物发酵制剂，光合细菌群、酵母群和放线菌群，能产生多种酶。[1]

此外，在青贮和微贮的基础上，利用纤维素酶和木聚糖酶活性高的酶制剂和添加乳酸菌接种剂的微生物制剂生产秸秆发酵饲料；利用微生物发酵降解秸秆中的木质素等生物处理方法，也可以大大提高农作物秸秆的饲料利用率和营养价值。加强纤维素酶研究，筛选纤维素酶高产菌株，研究其配套发酵工程技术，使秸秆等大量纤维素资源得到合理开发利用。

（4）秸秆半纤维素优先分解发酵与乳酸菌液体发酵衔接技术。其原理是经半纤维素分解菌复合系在短时间内分解秸秆中的部分半纤维素，打破木质纤维素的紧密结构，释放部分纤维素，提高秸秆的消化率；然后吸附乳酸菌发酵液以改善适口性。

自然风干的秸秆可长期保存，发酵饲料可随用随产。该技术在提高消化率、改善适口性的同时，缩短了生产周期，节约劳动力，降低生产成本，提高了农作物秸秆的利用率，具有可观的环境效益、社会效益和经济效益。但若将其推广应用，其可行性尚需做进一步研究。

8.4　堆肥化及其过程

堆肥（来自拉丁语 compositum，意为混合）是指在有氧条件下，各种底物混

---

❶ 房兴堂，陈宏，陶佩琳，等. 农作物秸秆饲料化高效利用新技术 [J]. 饲料研究，2007（1）：74-75.

合大量的微生物群落以固态进行生物降解的过程。纯底物的生物转化称为发酵或者生物氧化，而不是堆肥。堆肥化（composting）是利用自然界广泛分布的细菌、真菌和放线菌等微生物，以及由人工培养的工程菌等，在一定的人工条件下，有控制地促进有机质底物发生生物稳定作用，使可被生物降解的有机物转化为稳定的腐殖质的生物化学过程。

堆肥化过程的主要产物称为堆肥，也可定义为堆肥化过程中产生的稳定、无害，且有利于植物生长的有机肥料。除用于作物肥料外，目前堆肥也可作为水稻育秧基质、花卉栽培基质等。堆肥经历了以下三个阶段：初始的快速分解阶段，稳定化阶段，不完全的腐殖化阶段。对新鲜有机质进行堆肥化转化主要有以下益处：消灭不稳定新鲜有机质中的植物毒素；将对人类、动物和植物健康不利的个体（病毒、细菌、真菌和寄生生物）减少到不能构成危害的水平；[1]产生有机肥料和土壤改善剂，完成生物质的再利用。

目前，被广泛接受的堆肥化理论上被分为四个阶段：中温阶段、高温阶段、冷却阶段和腐熟阶段。

8.4.1 中温阶段

在起始阶段，堆肥底物中易降解且富含能量的物质充足（如糖类、蛋白质等），逐渐被真菌、放线菌和细菌等降解，如假单胞杆菌属（pseudomonas）和芽孢杆菌属（bacillus），通常这些微生物被称为初级分解者。除在蚯蚓堆肥外，蠕虫、螨虫、节肢动物等动物的作用基本上可以忽略。在初始底物中，嗜温微生物（芽孢细菌、霉菌、放线菌）的数量比嗜热微生物的数量多三个数量级，但初级分解者的活动却会导致温度升高。

8.4.2 高温阶段

耐高温的嗜热微生物在这个阶段有较大的竞争优势，并逐渐在最后取代了几乎所有的中温微生物群。[2]不同嗜热微生物有着各自的最适宜生长温度。一般在50℃左右，嗜热真菌和放线菌的活动比较活跃；温度上升到60℃时，真菌基本停

---

[1] 张陇利. 产业废弃物堆肥处理效果及碳素物质变化规律研究 [D]. 北京：中国农业大学，2014.

[2] 窦雪花. 稻草与猪粪混合发酵肥料的定向转化及植物营养学研究 [D]. 长沙：中南林业科技大学，2016.

止活动，只有嗜热放线菌和细菌还在活动，如芽孢杆菌；温度上升到 70℃ 以上时，大部分嗜热微生物已不适宜生存，微生物大量死亡或进入休眠状态，所有的病原微生物除一些孢子外都会在短期内迅速死亡。如果不是大部分微生物在超过 65℃ 下遭到破坏，温度很可能会持续上升，甚至超过 80℃。这可能并非因为微生物作用才导致温度上升，而是由于非生物放热反应的影响，其中可能包括放线菌分泌的耐高温酶的作用。在有些情况下，堆肥过程高温阶段的温度曲线呈现双峰型，而非抛物线。

除高温阶段的高温因素外，该阶段存在的放线菌可以产生抗生素，这亦对卫生化处理很重要。温度超过 70℃ 时大部分嗜温细菌被杀死，因此当温度回落时，种群恢复就会受到阻滞，可通过一定的手段（如接种）进行再繁殖。按照《粪便无害化卫生要求》（GB 7959—2012），我国好氧发酵（高温堆肥）卫生标准要求堆肥最高温度达 50~60℃ 以上，持续 2~10d。

8.4.3　冷却阶段

该阶段也称为第二个中温阶段。当底物消耗到一定程度时，嗜热微生物的活力下降，温度也开始降低。嗜温细菌重新繁殖，它们来自受保护的微小生境中存活的孢子，或者从外部进行接种。如果初始阶段的微生物可以降解糖类、低聚糖和蛋白质，那么冷却阶段的特征是微生物开始降解淀粉和纤维素，它们几乎都是细菌和真菌。

8.4.4　腐熟阶段

在腐熟阶段，堆肥中的有机物经过高温阶段后已基本降解完成，基质质量下降。微生物群体组成几乎全部变化，通常是真菌数量增加，细菌数量减少，混合物不再进一步降解，形成了木质-腐殖质复合体等。

判断堆肥是否腐熟并不简单。事实上，很难通过直观或者单一参数分析法确定堆肥样品的稳定度和腐熟度，有时不同指标可能出现相互矛盾。目前，主要判断方法包括物理方法、化学方法、生物活性分析、植物毒性分析和卫生学分析。

判定堆肥腐熟度的方法见表 8-2，但并非所有方法都具有普遍的实用价值，或者某一判定方法具有绝对的优势。研究发现，其中自加热、氧气消耗（4d）、氧气消耗量和化学需氧量（COD）比值等提供了较为可靠的结果。但是，自加热方法也存在明显的缺点，如完成周期较长，可能需要很多天。

表 8-2　判定堆肥腐熟度的方法

方法名称	参数、指标或项目	判别标准
物理	温度	温度下降，达到 45~50℃且一周内持续不变
	气味	具有泥土气味，堆体内检测不到低分子脂肪酸；具有潮湿泥土的霉味（放线菌的特征），无不良气味
	色度	堆肥过程中物料由淡灰逐渐发黑，腐熟后的产品呈黑褐色或黑色
	光学性质	通过检测堆肥 E665（E665nm 表示堆肥萃取物在波长 665mm 下的吸亮度）的变化可反映堆肥腐熟度，腐熟堆肥 E665 应小于 0.008［或采用三维荧光光谱结合平行因子法（PARAFAC），通过监测荧光组分变化规律判定］
	自加热	测试样品放入包裹着多层棉絮的杜瓦瓶，并将杜瓦瓶放入孵化器减少热量损失，通过温度的上升来指示稳定的程度
化学	碳氮比（固相和水溶态）	一般地，固相碳氮比值从初始的（25~30）：1 或更高，降低到（15~20）：1 以下时，认为堆肥达到腐熟
	氮化合物（氨氮、硝态氮、亚硝态氮）	对于活性污泥、稻草的堆肥，当氨化作用已经完成，亚硝化作用开始的时候，可认为堆肥已腐熟
	阳离子交换量（CEC）	建议 CEC>0.06mol 时，可认为堆肥已腐熟
	有机化合物（还原糖、纤维素、半纤维素、淀粉等）	腐熟堆肥的 COD 为 60~110mg/g，BOD_5 值应小于 5mg/g 干堆肥；挥发性固体（VS）质量分数应低于 65%；淀粉检不出；水溶性有机质质量分数小于 2.2g/L，可浸提有机物的产生或消失，可作为堆肥腐熟的指标
	腐殖质（腐殖质指数、腐殖质总量）	腐殖化指数（HI）＝胡敏酸(HA)/富里酸(FA)；腐殖化率（HR）＝HAV［FA＋未腐殖化的组分(NHF)］；HA 的升高代表了堆肥的腐殖化和腐熟程度，当 H 值达到 3，HR 值达到 1.35 时，堆肥已腐熟

方法名称	参数、指标或项目	判别标准
生物活性	呼吸作用（耗氧速率、CO_2 释放速率）	一般，耗氧速率以 $0.02 \sim 0.1\%/min$ 的稳定范围为最佳，当堆肥释放 CO_2 在 $2mg/g$ 堆肥碳以下时，可认为达到腐熟
	微生物种群和数量	堆肥中的寄生虫、病原体被杀死，腐殖质开始形成，堆肥达到初步腐熟；在堆肥腐熟期主要以放线菌为主
	酶学分析	水解酶较低活性反映堆肥达到腐熟；纤维素酶和脂酶活性在堆肥后期（80~120d）迅速增加，可间接用来了解堆肥的稳定性
植物毒性分析	发芽实验	植物毒性消除，可认为堆肥已腐熟
卫生学分析	致病微生物	堆体温度应保持 50~55℃以上 5~7d，蛔虫卵死亡率达 95%~100%

8.5　畜禽粪便肥料化技术

粪污好氧堆肥是指在有氧条件下，依靠好氧微生物对粪污中有机质进行吸收、氧化、分解等稳定化的过程。在堆肥过程中，微生物通过自身的生命代谢，氧化分解粪污中部分有机物，使其变成植物易吸收利用的简单无机物，同时获取可供微生物生长活动所需的能量；部分有机物则被合成新的微生物体，使微生物不断生长繁殖，产生出更多生物体。

畜禽粪便好氧堆肥适用于牛、羊、猪、禽等所有畜禽粪污的处理和利用。畜禽粪便中含有丰富的植物生长所需要的氮、磷、钾（N、P、K）等营养物质，是农牧业可持续发展的宝贵资源，是种养结合的桥梁，粪污好氧堆肥目前广泛使用的粪污处理技术之一。根据粪污的类型和特点选择合适的辅料，掌握好湿度、温度和氧气量，可使粪便快速发酵生产有机肥。

好氧堆肥的优点如下。

（1）堆体自身可产生热量，并且维持时间较长，极少需要补充热源，便可实现畜禽粪污无害化处理。

（2）纤维素是较难降解利用的营养成分，通过高温腐败和微生物作用，使其堆体物料矿质化、腐殖化，形成土壤活性物质。

（3）终产物干燥容易包装施用，且臭气少，是良好的土壤改良剂和农作物，尤其是经济作物良好的养分来源。

（4）基础设施建设投资少，操作简单，管理方便，粪污处理效果良好。

8.5.1 技术工艺

好氧堆肥技术工艺主要保证充足的氧气，要让好氧性微生物维持较高水平，堆肥工艺流程如图 8-11 所示。

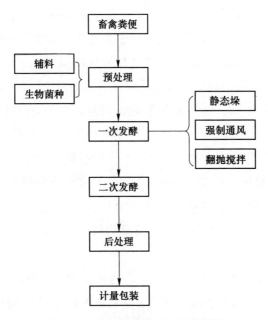

图 8-11 畜禽粪便堆肥工艺流程图

8.5.1.1 预处理

（1）畜禽粪便堆肥前，宜加入秸秆、谷糠、豆粕及菌菇糠等农业废弃物作为辅料，调节堆肥原料含水率、碳氮比（C/N），并进行必要的破碎，保证堆肥原料符合发酵要求。

（2）接种微生物菌种，将微生物菌种按一定比例与原辅料搅拌均，接种量应符合菌种使用要求，接种微生物菌种应执行《复合微生物肥料》（NY/T 798—

2004）中的相关规定。

（3）布料时应保证物料均匀、松散，防止出现物料层厚度、含水率不均等情况。

（4）堆肥原料中严禁混入下列物质：有毒有害工业制品及其残弃物、城市污泥；有化学反应并产生有害物质的物品；有腐蚀性或放射性的物质；易燃、易爆等危险品；生物危险品和医疗垃圾；危害环境安全的微生物制剂；其他不易降解的固体废物。

8.5.1.2　堆肥工艺控制

（1）一次发酵。有机物料的含水率宜控制在60%左右，即抓一把在手里，握紧成团，指缝间可见水但不流，接种微生物菌种、发酵环境及翻堆设备的不同来设定，一般高度宜为0.6~2.0m，宽度宜为0.8~2.0m。在发酵过程中，应每天测定堆体温度3~4次，温度测量应从堆体表面向内10~30cm为准。堆肥温度应在55℃以上保持5~7d，达到无害化标准，最高温度不宜超过70℃（以接种微生物菌种死亡温度为限），堆肥温度达到60℃以上，保持48 h后开始翻堆，每3~5d翻堆1次，但当温度超过70℃时，宜立即翻堆。翻堆时需均匀彻底，应尽量将底层物料翻入堆体中上部，以便充分腐熟。强制通风静态垛堆肥，风量宜为0.05~0.20m³/min（标态），物料层高每增加1m，风压增加1.0~1.5kPa。一次发酵周期一般应大于15d，发酵终止时，发酵物料不再升温、堆体基本无臭味、颜色接近灰褐色。

（2）二次发酵。二次发酵过程中，严禁再次添加新鲜的堆肥原料。含水率宜控制在40%~50%。为减少养分损失，物料温度宜控制在50℃以下，可通过调节物料层高控制堆温。pH值应控制在5.5~8.5，如果pH值超出范围，需进行调节。二次发酵周期一般为15~30d，发酵终止时，腐熟堆肥应符合下列要求：外观颜色为褐色或为灰褐色、疏松、无臭味、无机械杂质；含水率宜小于30%；碳氮比（C/N）小于20：1；耗氧速率趋于稳定。

8.5.1.3　后处理

充分腐熟、稳定的堆肥产品应进行粉碎、筛分、烘干、造粒。堆肥产品作为有机肥应执行《有机肥料》（NY 525—2012）相关规定；作为生物有机肥应执行《生物有机肥》（NY 884—2012）相关规定。

8.5.1.4 辅助工程

堆肥厂配套工程应与主体工程相适应。排水系统应实行雨污分流；堆肥厂须有独立的渗沥液收集设施，渗沥液收集后，可作为堆肥原料一次发酵补水，或通过污水处理设施处理达标后排放，严禁直接排放。应设有除臭设施、药剂或接种除臭作用良好的微生物菌种，净化、去除堆肥过程中产生的硫化氢、二氧化硫、氨气等恶臭气体。消防设施的设置须满足消防要求，并应符合《建筑设计防火规范》（GB 50016—2014）和《建筑灭火器配置设计规范》（GB 50140—2005）的有关要求。应配备堆肥产品检验设施以及堆肥成品仓库，贮藏应符合《有机肥料》（NY 525—2012）和《复合微生物肥料》（NYT 798—2004）的规定。堆肥原料的贮存应满足下列要求：一是干、湿物料分别贮存；二是地面硬化。

8.5.2 堆肥技术工艺

按照堆肥过程中供氧方式和是否有专用设备可分为条垛式堆肥、静态通气式堆肥、槽式堆肥和容器堆肥。

8.5.2.1 条垛式堆肥工艺

条垛式堆肥是一种开放式堆肥方法，根据粪污来源和堆肥辅料按照一定比例混合均匀后排成条垛，并通过机械周期性翻抛通风降温，翻抛周期每周3~5次，完成一次发酵需要50d左右。

优点：该技术简便易操作，基础设施投资少，堆肥条垛长度可调节。

缺点：堆肥高度不超过1.2m，占地面积大，堆肥发酵周期长，臭气不易控制，产品质量不稳定。如果是露天进行条垛式堆肥，除了臭气无法控制，而且受降雨降雪等天气变化影响较大。

8.5.2.2 静态通气式堆肥工艺

静态通气式堆肥是在堆体底部或者中间建设多孔通风管道，利用机械风机实现供氧。

优点：堆体高度可提升到2m，相对占地面积较小；由于堆体供氧充足，发酵时间较短，30d就可以完成发酵过程，相对提高了堆肥发酵处理能力；该技术工艺通常在室内操作，可对臭气进行收集和处理。

缺点：相对条垛式堆肥，静态通气式堆肥投资较高。

8.5.2.3　槽式堆肥工艺

槽式堆肥就是把粪污、辅料和微生物菌种混合物放置于"槽"状通道结构中进行发酵的堆肥方法。供氧需要安装翻抛机，翻抛机在槽壁轨道上来回翻抛，槽底部可以安装曝气管道，给堆料通风曝气。发酵槽的宽度和深度要根据粪污种类、多少和翻抛机的型号来规划建设，一般堆肥槽堆料可达 1.5m 高，堆肥发酵时间为 20~40d，翻抛机在搅拌堆料是对堆体上下堆料混合均匀，并破碎的过程，可以有效防止堆体自沉降压实导致厌氧发酵，也可以有效地防止堆体温度过高，搅拌均匀的堆体可生产出质量相当好的肥料。

优点：发酵周期短，粪便处理量大；堆肥场地一般建设在大棚内，臭气可收集处理；产品质量稳定。

缺点：机械投资和运营成本较高，操作相对复杂，由于设备与粪污长时间接触，易损件比较多，需要定期检查和维修，技术要求相对较高。

8.5.2.4　容器堆肥工艺

容器堆肥是把粪污、辅料和微生物菌种混合物置于密闭反应器进行曝气、搅拌和除臭于一体的好氧发酵技术工艺。容器一般高达 5m 左右，发酵周期 7~12d，物料从顶部加入，底部出料。

优点：在城区中小型规模养殖场（小区）就地处理粪污较好，发酵周期短，占地面积小，自动化程度高，臭气易控制。

缺点：处理量有限，投资运营成本高，不适合大规模养殖场（小区）使用。

参 考 文 献

[1] 雷廷宙. 生物质固体成型燃料生产技术 [M]. 北京：化学工业出版社，2020.

[2] 郭毅萍. 秸秆类生物质资源在能源及环境领域的应用探析 [M]. 北京：中国水利水电出版社，2020.

[3] 潘卫国，陶邦彦，吴江. 清洁能源技术及应用 [M]. 上海：上海交通大学出版社，2019.

[4] 甄广印. 农村生物质综合处理与资源化利用技术 [M]. 北京：冶金工业出版社，2019.

[5] 杨易. 生物质能源利用 [M]. 北京：中国农业出版社，2017.

[6] 陈冠益，马隆龙，颜蓓蓓. 生物质能源技术与理论 [M]. 北京：科学出版社，2017.

[7] 陈冠益. 生物质废物资源综合利用技术 [M]. 北京：化学工业出版社，2014.

[8] 李海滨，袁振宏，马晓茜，等. 现代生物质能利用技术 [M]. 北京：化学工业出版社，2012.

[9] 姚向君. 生物质能资源清洁转化利用技术 [M]. 2 版. 北京：化学工业出版社，2014.

[10] 袁振宏. 生物质能高效利用技术 [M]. 北京：化学工业出版社，2014.

[11] 鄂佐星，佟启玉. 秸秆固体成型燃料技术 [M]. 哈尔滨：黑龙江人民出版社，2009.

[12] 季祥，卢庆华，王蕾. 生物质能源及废物利用新技术 [M]. 长春：吉林大学出版社，2012.

[13] 崔宗均. 生物质能源与废弃物资源利用 [M]. 北京：中国农业大学出版社，2011.

[14] 牛世全，包莹，赵国杰，等. 可再生能源生物质能 [M]. 兰州：甘肃科学技术出版社，2012.

[15] 米锋，程宝栋. 林木生物质能源产业链优化路径研究 [M]. 北京：经济管理出版社，2018.

[16] 常建民. 林木生物质资源与能源化利用技术 [M]. 北京：科学出版社，2010.

[17] 苏晋. 基于市场机制与政府规制的中国农业生物质能产业发展研究 [D]. 哈尔滨：东北林业大学，2012.

[18] 肖烈. 秸秆慢速裂解液态产物物性分析及分馏试验研究 [D]. 郑州：河南农业大学，2010.

[19] 李涛. 生物质成型机平模优化设计与试验研究 [D]. 合肥：合肥工业大学，2015.

[20] 赵兴涛. 生物质成型燃料设备的模块化设计与陶瓷耐磨材料的应用 [D]. 郑州：河南农业大学，2013.

[21] 杨北方. 生物质成型燃料成型设备试验与改进 [D]. 郑州：河南农业大学，2013.

[22] 卢暄. 秸秆制燃料乙醇工艺技术 [J]. 化学工业，2011，29 (7)：29-33.

[23] 王璀璨，王义强，陈介南，等. 木质纤维生产燃料乙醇工艺的研究进展 [J]. 生物技术

通报，2010（2）：51-57，62.

[24] 王伟文，冯小芹，段继海. 秸秆生物质热裂解技术的研究进展 [J]. 中国农学通报，2011，27（6）：355-361.

[25] 李景明，李冰峰，徐文勇. 中国沼气产业发展的政策影响分析 [J]. 中国沼气，2018，36（5）：3-10.

[26] 李景明，薛梅. 中国生物质能利用现状与发展前景 [J]. 农业科技管理，2010，29（2）：1-4.

[27] 刘光快，张大斌，曹阳. 生物质能源在烟叶烘烤上的应用现状与前景 [J]. 农业科技通讯，2016（11）：44-49.

[28] 李琳，郑璃. 我国生物质能行业发展现状及建议 [J]. 中国环保产业，2010（12）：50-54.

[29] 刘延坤，孙清芳，李冬梅，等. 生物质废弃物资源化技术的研究现状与展望 [J]. 化学工程师，2011（3）：32-34，65.

[30] 朱增勇，李思经. 美国生物质能源开发利用的经验和启示 [J]. 世界农业，2007（6）：52-54.

[31] 钱能志，尹国平，陈卓梅. 欧洲生物质能源开发利用现状和经验 [J]. 中外能源，2007（3）：10-14.

[32] 刘新建，王寒枝. 生物质能源的现状和发展前景 [J]. 科学对社会的影响，2008，3（3）：5-9.

[33] 杜艳艳，赵蕴华. 农业废弃物资源化利用技术研究进展与发展趋势 [J]. 广东农业科学，2012（2）：192-196.

[34] 车长波，袁际华. 世界生物质能源发展现状及方向 [J]. 天然气工业，2011，31（1）：104-106，119-120.